Affekt Modulderad
Beteende Intervention
För Skolpsykologer

Affekt Modulderad
Beteende Intervention

För Skolpsykologer

James Arnott & John Josserand

Validations Inc.

2015

First Printing: 2015

ISBN 5 800114 021381

DBTvalidations Inc.
PO Box 835
Wurtsboro, New York 12790

www.dbtvalidations.com

Dedikation

Jag vill särskilt tacka några mycket viktiga personer som har uppmuntrat mig och aldrig tvekat, även när jag har. Först och främst två mycket speciella personer som alltid har funnits där, Petra Stadler och Cliff Powell. Jag skulle också vilja nämna min partner Jim Arnott, som aldrig klagat och Timo Hursti för uppmuntran under min utbildning. Mike Adams och Katherine McKinney från Life Connections har försett mig med en välbehövlig plattform för att testa idéer, Demi Simi har gett oumbärlig hjälp med att redigera de vetenskapliga texterna. Caitlin Barnebee och Kellie Coleman Jarrett har hjälpt mig förankra mig i den amerikanska verkligheten, medan slutligen mina chefer Arnold Wittman, Pernilla Stenälv och Ingela Bengtsson alla har trott på vad jag gjorde. Louise Hall, Aletta Marie Trenckman, Eva Melbe, Jessica Lejelöv har hjälpt mig att hålla fokus på lärarnas perspektiv. Klas G Brege och Ma Mohlander trodde på mig innan jag ens börjat. Så min förhoppning är resultaten kommer att ge skäl för stödet från alla dessa underbara människor.

John Josserand, December 2015

Innehållsförteckning

Affekt Modulerad Beteende Intervention

Förord

Orsakerna bakom utgivandet av den här boken är många, tilltagande kaos i skolor, elever som inte uppnår minimikraven - 22.6 % av de elever som slutade årskurs nio i grundskolan saknade fullständiga betyg och att vissa till och med överger skolan helt - 13.1% av eleverna saknade behörighet att söka till gymnasiet, (Skolverket, 2014). Traditionellt så har skolpsykologen varit mer engagerad i utförandet av psykologiska test, utredningar och handledning än som en resurs för att öka kompetensen i förebyggande syfte hos personalen. Allteftersom fler och fler skolor misslyckas med anpassningar och föräldrar ställer ökade krav, så växer en ny möjlig roll för skolpsykologer fram. Socialstyrelsens vägledning för Elevhälsan (2014) påpekar vikten av den förebyggande rollen för elevhälsan, en där skolpsykologen arbetar i frontlinjen fokuserad på att förebygga mer än på att diagnostisera. Denna bok är resultatet av många års personligt arbete och forskning kring vad som faktiskt fungerar samt decennier av bidrag ifrån fantastiska forskare/praktiker såsom John Bowlby, Mary Ainsworth, Diana Baumrind och Lev Vygotsky.

Lärdomarna om känsloreglering ifrån Marsha Linehan, Alan Fruzzetti och Leigh McCullough har gjort imponerande resultat möjliga med hjälp av nya verktyg för förändring. Brene Brown och Steven Hayes har vidgat gränserna för vad vi kan förstå och dra nytta av i vårt arbete med hjälp av landvinningar ifrån modern psykologi och sociologi.

Kapitel 1

Den Endemiska Karaktären hos Skolans Misslyckanden

Sommaren 2015, presenterade J. Arnott och J. Josserand nyare resultat ifrån fortsatta studier av DBT valideringar vid 37:e Internationella årsmötet i Sao Paulo, Brasilien (24 juni, 2015) för skolpsykologer. Presentationen omfattade också observationer av faktorer som påverkar den pedagogiska miljön och som leder till eller i vissa fall framkallar maladaptiva beteenden. En genomgång av litteraturen avslöjar inte några gemensamma faktorer bakom misslyckade skolresultat. Det finns dock referenser för individuella faktorers påverkan.

I Sverige så har problematiken debatterats flitigt och olika artiklar på temat kring skolans och psykiatrins misslyckande har publicerats under 2015 i SVD, den 28 oktober; 77 % av alla pojkar och knappt 84 procent av alla flickor i årskurs 6 i våras fick godkända betyg (A-E) i alla ämnen, den 27 september; Oro för bristande stöd till elevhälsan, den 10 oktober; Lös systemfelet inom psykiatrin och den 20 september; Fel när negativa tankar förstärks. Dessutom kom en ny vägledning för elevhälsan hösten 2014 (Socialstyrelsen, 2014, Vägledning för elevhälsan (2:a upplagan). Stockholm: Socialstyrelsen) som poängterade vikten av att arbeta förebyggande. Så Svenskaförhållanden liknar de amerikanska och stöder teorin att detta är ett globalt problem.[1]

3

Endemiskt Fel i USAs Grundskolor och Gymnasier. J. Arnott 2015

Det är viktigt för elevhälsan, socialtjänsten och skolor som arbetar med utsatta och/eller missgynnade barn att förstå att det finns brister i utbildningssystemet (Martin, 2014, 2011, 2007). En indikator som påvisar problemet är måttet på utbrändhet hos lärare. I en Forbes artikel konstaterar Erik Kain: "Den nationella kommissionen för lärdomar & Amerikas framtid [NCTAF] ser att USA: s lärare lämnar yrket i rasande takt. Uppsägningarna har ökat med 50 procent under de senaste femton åren, den nationella omsättningshastigheten på lärare har stigit till 16,8 procent" (Kain, 2011). De ökade administrativa kostnaderna för detta uppgår till $7.3 miljarder per år (Kain, 2011). Dessutom är det de fattigaste stadsdelarna som är mest utsatta. I fattiga stadsdelar är risken dubbelt så stor att få oerfarna lärare.

Testresultat och rankning i 2013 års rapport från Organisationen för ekonomiskt samarbete och utvecklings Program for International Student Assessment [OECD] och dess "Program för International Student Assessment [PISA 2012], (OECD, 2012) tyder på att USA som helhet var sämre i jämförelse med många andra länder. Läsförmågan var på tjugonde plats och mattepoängen var på

---

[1] Följande rapport presenterades för Liberty University, New York, Human Services Masters Program för att påvisa den endemiska karaktären. Ytterligare data och information har lagts till för att belysa den globala karaktären av problemet.

tjugosjätte plats av trettiofyra OECD-länder. Linda Darling - Hammond påpekar behovet av skickliga lärare (Darling - Hammond, 2015) och (Layton, 2014) beskriver de skadliga resultaten ifrån det nuvarande systemet, "sedan 1980- talet har vi knappast gjort några framsteg, särskilt i internationella jämförelser, prestationsgapet som minskade på 1960 och 1970-talet, har avstannat och man har förlorat mark vad gäller examensfrekvens och högskoleutbildning, ojämlikheten har ökat när det gäller tillgång till skolans resurser".

En annan indikator på misslyckad skolgång är kontroversen över det ledande testprogrammet i USA," Common Core". Resultaten ifrån jämförelser mellan OECD och PISA ifrån 2003, 2006 och 2009, resulterade i att National Governors Association bestämde sig för att utveckla Common Core Standards Initiative (Layton, 2014). Detta initiativ syftar till att införa enhetliga standarder för studentexamen på gymnasiet, för att underlätta tillträde mellan delstater till olika kurser på högskolor eller universitet och även inträde på arbetsmarknaden. Bill och Melinda Gates stiftelse donerade $ 200 millioner till programmet (Layton, 2014). President Obama tog också initiativ till ett annat program"Race to the Top" för att uppmuntra och belöna reformer i grundskole- och gymnasieutbildning vilket var en del av Reinvestment Act ifrån 2009. Interventionen påstods kunna komma tillrätta med de mest populära reformfrågorna genom det framgångsrika införandet av Common Core-programmet. Motståndarna rasade mot kraven att utvärdera lärarnas prestationer i förhållande till studenternas testresultat (Fairbanks, 2015). Insatsen var inriktad på att vända resultaten i de sämsta skolorna. Diskussionen kring insatsen har varit kontroversiell (Welner, 2014) eftersom finansieringen av kapplöpning mot toppen och de gemensamma grundläggande normerna inte är med i 2015-års budgetprocess. Det här är fortfarande en omstridd fråga i ett antal delstater.

Utöver läroplan och lärarexamen finns en annan faktor att beakta nämligen sammansättningen av elever i klassrummet. Det amerikanska Department of Education har redovisat att andelen barn som uppfyller kraven på federalt finansierade stödprogram ökade 5.7% mellan 1997 och 2005 (Education, 2012). Totalt 14-15 procent av varje klassrum består av specialundervisning eller stöd för funktionshindrade studenter. Läraren kan inte alltid veta status för en elev beroende på olika sekretesslagar. I vissa fall är läraren mycket medveten om och delaktig i att utveckla och övervaka individuella utbildningsplaner med hjälp av skolpsykolog och specialpedagoger. Placering av barn i vanliga skolklasser anses förenligt med två federala mandat; Individuals With Disabilities Education Act [IDEA] 2004 som föreskriver placering i vanlig klass i första hand vilket nu kallas mainstreaming eller integration, vilket också stöds av Rehabilitation Act från 1973, avsnitt 504, som kräver att de skolor som får federala medel för utbildning av kvalificerade handikappade personer kombinerar utbildningen med personer som inte är handikappade. Det är självfallet så att dessa krav ökar stressen för vanliga lärare som kanske eller kanske inte har utbildning för att hantera problematiken (Klassen, 2010). I tillägg till detta finns barnen som får diagnoser som Attention Deficit Disorder [ADD] eller Attention Deficit Hyperactivity Disorder [ADHD]. Stressade lärare kan tolka tillståndet som störande beteende i klassrummet och föreslå föräldrar att deras barn utvärderas av husläkare eller barnläkare. Det är inte förvånande att Center for Disease Control [CDC] rapporterar att antalet recept för ADD och ADHD har nästan fördubblats under de senaste fem åren (Visser, 2013), vilket kan tyda på överförskrivning. Även efter noggrann genomgång och bedömning så har diagnos ökningen varit mer än American Psychological Association väntat (Novotney, 2014); "2007 hade siffran ökat till 9.5%, en ökning med 22 procent, 2011 hade 11 procent av alla barn i skolåldern, nästan en av fem high-school-age pojkar i USA - fått en ADHD diagnos "(Journal of American Academy of Child & Adolescent Psychiatry, januari 2014)." Maladaptiv beteende är lättare att ta itu med och mindre stigmatiserande för barn än diagnoserna i Diagnostic and Statistical Manual of Mental Disorders (DSM-5) som inkluderar uppförandestörning och trotssyndrom. Maladaptivt beteende har ändå inverkan på lärarnas stress och beteende i klassrummet. Ett flertal studier har värderat effekterna av elevers maladaptiva beteende på matematik och engelska. Man kan räkna ut att fem minuters avbrott per lektion/dag resulterar i ett års förlust av undervisning under en nioårig skolgång, vilket påverkar alla elever i klassen oavsett beteende hos övriga.

I USA har olika metoder testats för att öka undervisningskvalitén: bland annat skolpeng, privat skolor och hemundervisning. Den röda tråden är valfriheten. Neutral finansiering ger föräldrarna en chans att "rösta med fötterna". Motståndare fördömer åtgärden och menar att flytta medel från offentliga skolor bara kommer att förvärra situationen för offentliga skolor. (Lubienski, Privatising form or function? Equity, outcomes and influence in American charter schools, 2013). Lubienski menar att privata organisationer misslyckas med att uppnå förväntade akademiska och ekonomiska resultat. Joshua Cowen granskade randomiserade studier för att bedöma resultaten ifrån skolpeng satsningar och ansåg att resultaten överskattats (Cowen, 2012). Det mest signifikativa tecknet på misslyckandet vad gäller skolgång är guvernör Andrew Cuomo's uttalande som påvisar problemet genom ett direktmeddelande (Cuomo, 2015). Andrew Cuomo anser att en sviktande skola i New York är en med en examensfrekvens som ligger under 60 procent för de senaste tre åren. I New York är det 178 skolor som passar in på denna beskrivning. Det är av särskilt intresse för socialtjänst och skolpersonal att nio av tio elever som misslyckas i skolor är ur en minoritetsgrupp eller ekonomiskt utsatta. Den endemiska karaktären av misslyckandena har sin grund i den universella förekomsten i alla skoldistrikt. Man kan inte undgå att lägga märke till att var och en kan påverka varandra. Internationella referenser anges i fotnoten nedan[2]

---

2 Liknande rapporter endemiska faktorer är vanliga i den internationella vetenskapliga litteraturen, exempelvis:
- Teacher burnout approaches 46% (NCTAF) within 5 years European teachers 70% under stress, 30% burnout (Brenninkmeijer, V., Vanyperen, N. W., & Buunk, B. P. (2001). I am not a better teacher, but others are doing worse: Burnout and perceptions of superiority among teachers. Social Psychology of Education, 4(3-4), 259-274.)
- Prevalens of burnout in a sample of Brazilian teachers, Gil-Monte, P. R., Carlotto, M. S., & Gonçalves Câmara, S. (2011). Prevalence of burnout in a sample of Brazilian teachers. The European Journal of Psychiatry, 25(4), 205-212.
- Burnout in teachers: an Italian survey, Quattrin, R., Ciano, R., Saveri, E., Balestrieri, M., Biasin, E., Calligaris, L., & Brusaferro, S. (2009). Burnout in teachers: an Italian survey. Annali di igiene: medicina preventiva e di comunita, 22(4), 311-318.

Kapitel 2

En Systemisk Strategi

Multisystemisk terapi (MST) för behandling av antisocialt beteende hos barn och ungdomar har varit en framgångsrik form av systemisk intervention. Behandlingsformen bygger på insikten att beteendet hos barn påverkas av multipla faktorer över olika miljöer som alla har en inverkan, interventioner behöver likaledes ha förmågan att påverka dessa. Föräldrarna är en viktig faktor eftersom de har ett unikt inflytande och är därför viktiga att engagera och utbilda, slutligen bör förändringar fokusera på att omge elever/barn med prosociala influenser som ersättning för de ofta starka asociala influenser de kan omges av. Starka empiriska bevis finns för effektiviteten av systemisk intervention finns i de drygt 400 MST - program i 30 stater och 10 länder som pågår. (Henggeler, S.W., m.fl. 2009). Nyare data bekräftar dessa goda resultat (Tiernan, K., Foster, SL, Cunningham, PB, Brennan, P., & Whitmore, E., 2015). Prediktorer för framgångsrik behandling är initialt gynnsamma resultat. Därmed så är en bra utgångspunkt för en intervention ett systemiskt tillvägagångssätt.

Vilken påverkan har maladaptivt beteende i klassrummet?

Det har inverkan på lärarnas stress och utbrändhet (Gossen, Student Behavior, 2010). Maladaptivt beteende genererar negativa distraktioner i undervisningen, som distraherar läraren och tar bort uppmärksamhet ifrån undervisningens mål eller ifrån fokus på andra viktiga elever. En tillsägelse räcker oftast inte för att få bukt på problemet, utan läraren tvingas ofta släppa focus på undervisningen, försöka hantera störningen eller i värsta fall be om hjälp. Ibland krävs mera långsiktiga lösningar som en extra resurs eller tillrättalagd undervisning för en eller flera elever. I svårare fall krävs större ingripanden, rektorn, specialpedagog eller i vissa fall skolpsykologen konsulteras. Kraven varierar från fall till fall och land till land, samt olika också inom länder. Som skolpsykolog har man också olika förutsättningar för att ge kunna ge stöd i form av handledning eller annars, i exempelvis delstaten New York finns inget fortbildningskrav på skolpsykologer (American Board of Professional Psychology, 2015). Effekterna av interventioner varierar naturligtvis därefter, i värsta fall innebär bristen på krav på vetenskapliga bevis att interventioner inte baseras på bästa möjliga metoder. Effekterna av interventioner beror dessutom på elevens förmåga till självreglering (Benner, 2012). Den underliggande orsaken till maladaptivt beteende i klassrummet kan vara bristen på förmågan till självreglering. Vilket i sin tur kan ha samband med stress kopplad till hjärnans uppbyggnad. Eftersom det limbiska systemet är autonomt reglerat och inkluderar kroppsliga reaktioner och känslor, så blir dess påverkan på beteende desto mer oförutsägbart (Mohandas 2007). Vilket i sin tur kan vara förklaringen till att barn med höga ångestnivåer tolkar sin omgivning mer känslomässigt än rationellt. Allteftersom psykologiforskning har avancerat så har nya förklarings modeller blivit tillgängliga. I slutet av

Arnott & Josserand

1980-talet introducerade Marsha M. Linehan dialektisk beteendeterapi (DBT) för behandling av borderline personlighetsstörning (Psych Central Staff, 2013).

"Dialektisk beteendeterapi (DBT) som behandling baseras på en kognitiv beteende strategi vilket betonar psykosociala aspekter av problematiken. Teorin bakom DBT är att vissa människor reagerar på ett mer intensivt och reaktivt sätt i känslomässiga situationer, de uppnår dessutom en högre emotionell nivå, och tar längre tid på sig för att återhämta sig" (Psych Central Staff, 2013).

Sedan DBT utvecklades så har användningsområdena breddats och det används numera även för andra typer av psykiska störningar. Intressant nog så är känslomässiga störningar i barndomen en av de gemensamma faktorer som ligger till grund för dess användning. I skolan idag finns många exempel på känslomässig sårbarhet, bland annat i form av mobbning. Det kan därför med framgång antas gynna lärare och studenter som har problem med maladaptiva beteendemönster. En systemövergripande valideringsaspekt av DBT borde kunna läras ut till lärare, föräldrar och övervakas av skolpsykologer. Stödjande detta synsätt och värdet av att ha målsättningen att komma till rätta med problemen är att "Skolpsykologisk forskning inriktad på barns resultat/beteende i skolan är avgörande för att förstå vilka sociala och beteendemässiga interventioner som påverkar barn i skolan. Men effektiva åtgärder uppfyller sitt löfte först när de passar in i befintliga sammanhang och kan genomföras väl med befintliga resurser, och kan upprätthållas eller skalas upp till nya populationer"(Cappella, Reinke & Hoagwood, 2011). Innebärande att ytterligare vetenskaplig forskning är nödvändig.

Kapitel 3

Fallrapport-DBT för att Modulera Klassrum Störande Beteende

Abstract

Fall rapporten beskriver effekterna av att använda DBT validering för att hantera störande beteende i klassrummet. Metoden för validering som användes baserades på Marsha Linehan's beskrivning kompletterad med Alan Fruzetti's sjunde steg. Interventionen skedde i ett mindre samhälle (befolkning 28,713) i Södra Sverige, Gislaved. I samhället var 3,326 elever registrerade i 18 skolor. Samtliga rektorer i kommunen (årskurserna 1-9) uppmanades att anmäla intresserad personal till en frivillig fem veckors kurs i valideringsteknik. Deltagare var lärare, speciallärare och lärare assistenter. Utbildningen pågick en timme i veckan under fem veckor, med intensiv träning av grupper formade av två gånger två personer. De sista två sessionerna inriktades på att tillämpa inlärda färdigheter på faktiska observerade klassrum störande beteenden. Lärare som hade elever med dålig självkänsla och/eller dålig självbehärskning var den primära målgruppen. Under sju månader, var totalt 111 skolpersonal deltagare i kursen. Varje session var planerad till 45 minuter. Efter interventionsperioden på sju månader gjordes en enkät för att utvärdera kursen. Resultaten visade på att 49 % av de svarande upplevde en positiv förändring, och 67 % av dem uppgav att de skulle fortsätta att använda valideringsteknik i sin yrkesroll. En kvalitativ analys av kommentarerna ifrån utvärderingen visade att deltagarna i kursen ansåg att all skolpersonal skulle kunna ha nytta av utbildningen. Detta dokument avslutas med en diskussion med förslag på framtida forskning.

Nyckelord: dialektisk beteendeterapi, validering, klassrumsmiljö

Idag finns många krav på moderna klassrumsmiljöer. Klassrums-miljön är ofta ett konfliktområde. Problematiskt uppförande uppstår dessutom oftare i tvärkulturella miljöer och i stressiga situationer. Störande klassrums beteende förekommer i cirka 30 % av tiden hos fyra undersökta västländer. Beteendestörningarna varierade från enbart störande till betydligt störande. Vilket kan påverka studieresultat om problemen blir bestående (Gu, Lai & Ye, 2011). Tidig debut av problem resulterar dessutom i en ökad risk för en negativ utveckling. Vilket i sin tur kan leda till utanförskap och under prestation (Gatzke - Kopp, Greenberg, Bierman, 2014). Problemen finns på flera plan, vilket exemplifieras av att åttiofem procent av offentliga skolor i USA hade registrerat ett eller fler brott på campus området (Dinkes, Kemp, Baum & Snyder, 2009; Mayer & Furlong, 2010). Det finns flera orsaker till ökningen av störande beteende i klassrummet, social utsatthet såsom våld i hemmet, missbruk hos anhöriga, arbetslöshet hos föräldrar samt ensamstående föräldrar är några av de vanligaste. Dessa problem sätter ytterligare press på barnen och gör det ofta nödvändigt med stöd till dem för att uppnå normal social utveckling och godkända betyg. Lärare, administratörer och föräldrar utmanas alla av störande beteende i klassrummet. Skolpsykologer konsulteras ofta för att assistera i att komma tillrätta med problemen. En komplicerande faktor är målet att inkludera elever med särskilda behov i ordinarie undervisning. Statistiska rapporter från US Department of Education visade att antalet elever med störande beteende i offentliga skolor har ökat från 8.3 % 1976 till

13,8% i USA (National Center for Education Statistics, 2011; NCES

2012). En möjlig orsak till ökningen av störande beteende kan vara

ökad psykisk stress i skolmiljön, vilket ofta återspeglas i försämrade

skolprestationer – stressen kan bero på många orsaker såsom

mobbning, familjekonflikter eller pedagogiska utmaningar. Stress är

ett problem som ger både en fysisk och kognitiv belastning (Sparrow,

2007). Teoretiska modeller för att förklara hur och varför är flera men

ingen tydlig överenskommelse existerar och nya modeller behövs

(Mayer & Furlong, 2010). En möjlig orsak kan ligga i limbiska

systemet som reglerar känslor och beteende (RajMohan & Mohandas,

2007). Limbiska systemet reagerar även på prekognitiva nivåer där

icke-verbala ledtrådar är viktiga iakttagelser.

    I sin forskning kring extrem känslomässig dysreglering såsom

Borderline personlighetsstörning, föreslår Marsha Linehan att de

dysfunktionella beteendena kan ha flera etiologier. I vad hon

definierar som biosocial teori av personlighet, anser hon att biologisk

sårbarhet såsom emotionell reaktivitet eller överkänslighet i

kombination med en kränkande eller oförutsägbar omgivning över tid

kommer att skapa, upprätthålla och vidareutveckla dysfunktionella

interaktionsmönster. Vilket i sin tur riskerar att leda till en oförmåga

för individen att agera på prosociala och acceptabla sätt och

därigenom leda till ytterligare invalideringar av sig själv och sin

självkänsla (Linehan, 1993). Det som börjar tidigt som olydnad och

utmanande av auktoriteter kan leda till onödig invalidering av sig själv som person. Vilket kan skapa en självidentifikation med känslor av skam och skuld som resulterar i försämrad självkänsla och självbild. I den känslomässiga sårbarheten hos individer ingår ofta en hög känslighet för emotionell affekt och en långsam återgång till normala emotionella nivåer. En sårbarhet som gör personen snabb att svara på emotioner och långsam till återgång. Även små förändringar i dagliga rutiner riskerar att väcka starka känslor. Om känslorna utmanas kan de bli extrema. Detta leder till en kränkande känsla (invalidering). Invalidering lär oss att inte lita på våra känslor och om det händer ofta nog, ge upp och bli mer eller mindre kontinuerligt invaliderade. Vilket i sämsta fall kan resultera i vad som blir ett schema av intermittent förstärkt destruktivt beteende.

Många metoder som för närvarande används inom det svenska utbildningssystemet t.ex. COPE eller KOMET fokuserar på positiva belöningssystem. Så länge dessa metoder är baserade på belöningar som uppfattas som belöningar uppmuntrar de det beteende som belönas. Men om barn upplever att de är olika på grund av att ett belöningssystem är exklusivt för dem, så börjar de ofta att reagera på belöningar som om de inte längre är det. Detta kan vara en förklaring till att en utvärdering av COPE visar effekter på att minska hyperaktivitet/impulsivitet, uppförandeproblem, föräldrarnas stress, dagliga problembeteenden och bristen på upplevd föräldrakontroll, men misslyckas med att påverka bristande social kompetens, kamratproblem eller ouppmärksamhet (Thorell, 2009). KOMET -

programmet utvärderades i en studie i Sverige. Det uppfattades ha en positiv inverkan på prestation i skolan och oro i klassrummet. Negativa effekter var att belöningssystemet inte var effektivt på alla deltagare och kunde skapa avund ifrån andra elever som inte deltog i programmet (Jönsson, Malm, 2010). Det framgår av dessa exempel att det finns ett behov av vidareutveckling av metoder. Dialektisk beteendeterapi som ett ramverk för ett alternativt synsätt är teoretiskt intressant eftersom borderline patienter kan verka ha emotionell och beteendemässig kompetens särskilt i en stödjande miljö eller om hen känner sig trygg. Skillnaden mellan stödjande relationer och övriga med dessa individer är av en annan storleksordning jämfört med andra. En orsak kan vara social förstärkning. Barn förstärkta för att vara glada när runt andra, men annars isolerade förvärvar lätt ett mönster som gör självreglerande av känslor bestraffande. Risken för att hamna i en negativ spiral av känslor om en stödjande relation saknas gör normala beteenden svårt. (Linehan, 1993).

Beteendekontroll i klassrummet går emellertid att lära ut, det kan åstadkommas via modelinlärning och är effektivt i en kaotisk miljö (Schunk & Zimmerman, 2007). Föräldrar, lärare och andra vuxna kan spela en viktig roll i att lära ut positiva beteenden och lindra problemen. Rätt hanterade beteendeproblem kan föra ihop en skolklass, och många situationer kan undvikas genom ett korrekt tillvägagångssätt (Greene, 2009).

Dialektisk beteendeterapi har prövats i många tillämpningar förutom Borderline personlighetsstörning inklusive ätstörningar

(Lenz, Taylor, Fleming, Serman, 2014), drogmissbruk (Brewerton, 2014), bipolär sjukdom (Hart, Brock, Jeltova, 2014), autismspektrumstörning (Mazefsky, White, 2014), utvecklingsstörning (Flynn, 2014) och trotssyndrom hos ungdomar (Nelson - Gray, Keane, Hurst, Mitchell, Warburton, Chok, Cobb, 2006). Dessa program har omfattat olika anpassningar av den ursprungliga behandlingen. En viktig aspekt av DBT är fokus på godkännande och validering av beteende, när det händer, vilket är i motsats till konventionella kognitiva beteendetekniker (KBT) som fokuserar mer på förändring. DBT innehåller både acceptans och förändring. Validering kommunicerar att ett visst beteende är vettigt och är förståeligt i det aktuella sammanhanget. Detta gör validering även av "dålig" eller konstigt beteende viktigt eftersom det driver acceptans som en del av DBT terapin. Dock utan förändring så kan inte saker och ting förbättras, genom att validera beteende som önskas, kan förändring drivas i en positiv riktning. Motsatsen är att invalidera och är hur människor lär sig att inte lita på sina känslor, ge upp och bli mer eller mindre kontinuerligt invaliderande. Det är extremt bestraffande och kan resultera i ett schema av intermittent förstärkt invalidering. I denna transaktionsmodell är faktorer inte stabila utan ömsesidiga på så sätt att negativa känslor och känslomässig dysreglering interagerar med en "invaliderande miljö". Vilket innebär att ett korrekt uttryck av tankar och känslor inte valideras utan i stället invalideras. Vilket leder till att felaktiga eller problematiska uttryck intermittent förstärks, ledande till ökad

självvalidering över tiden i en självförstärkande negativ cykel

(Linehan, 1993).

För att motverka denna utveckling är validering ett viktigt

verktyg. Validering av "det som är sant eller självutlämnande är en

kommunikation av förståelse, som legitimerar personens erfarenhet

och förmedlar acceptans" (Fruzzetti & Shank, 2008). Validering

behöver inte utföras av DBT–utbildad personal utan kan också göras

av annan personal (Swift, 2009) eller familjemedlemmar (Fruzzetti &

Shank , 2008). Det kan även användas i komplexa situationer för att

underlätta förståelse och kommunikation (Huffman, Stern, Harley,

Lundy, 2005). Validerande kommunikation minimerar de negativa

effekterna av emotionella reaktioner och gör positiv kommunikation

mer sannolik. Positiv kommunikation underlättar inlärning av

prosocialt beteende (Fruzzetti & Shank, 2008). Om prosocialt

beteende förstärks när det sker skapas en intermittent förstärkning av

ett positivt beteende. Vilket kommer att ersätta det eventuellt tidigare

schemat med maladaptivt beteende och en positiv beteendeförändring

kommer att vara möjlig att vidmakthålla och förstärka.

DBT anpassat till skolmiljön har beskrivits, (Koch, 2010).

Anpassningen var baserad på DBT färdigheter och inte på validering.

Eftersom nuvarande metoder för att styra klassrums störningar är

otillräckliga, föreslås här att testa validering i den form som beskrivits

i DBT och att genomföra träning i fem en timmes sessioner för att se

om den skulle kunna tjäna som alternativ till befintliga metoder.

Syftet med denna fallrapport är att redogöra för hur detta gjordes i ett samhälle i Sverige (Gislaved) under en period av sju månader till alla lärare och föräldrar/lärare kombinationer som kände att de behövde hjälp för att få bättre kontroll på klassrumssituation och/eller hemma.

Metod

Alla rektorer i skolorna för årskurserna 1-9 i samhället Gislaved i Södra Sverige erbjöds att anmäla personalen till en frivillig fem veckors kurs i valideringsteknik, kursen genomfördes med en timme per vecka. Om problem fanns även i hemmiljö genomfördes en gruppträning där förälder/föräldrar, lärare och elev deltog i samma strukturerade utbildning. Vid slutet av interventionen (total period sju månader) ombads all deltagande skolpersonal att svara på en enkät via e -post om sina erfarenheter och ge en utvärdering av kursen.

Design

Denna studie är en fallrapport. Lärare med problem när det gäller elever med dålig självkänsla och/eller dålig impulskontroll var målgruppen. Totalt 111 skolpersonal deltog i kurserna, därutöver 28 föräldrar och 15 elever. Deltagande skolpersonal var lärare, speciallärare eller lärarassistenter. Varje session var planerad till 45 minuter (i verkligheten 30-90 min), variansen berodde på de särskilda behoven i situationen, antalet deltagare och faktiska tiden på dagen för genomförandet. Större grupper på mellan 10-15 personer behövde i allmänhet mera tid än i en liten grupp. De fem sessionerna kompletterades med ytterligare sessioner efter behov. Alla deltagare fick ett instruktionshäfte vid den första sessionen, som omfattade alla aspekter av validering enligt DBT.

Sessionerna disponerades enligt följande:

Session 1, omfattade introduktion till biosocial teori och rollen av känslor i ångesthantering tillsammans med introduktionen av de två första nivåerna för validering.

• V1. Aktiv iakttagelse och V2. Reflektion, introduceras och praktiseras.

Session 2, introduktion och övning av den tredje och fjärde nivån för validering,

• V3. Läsa patientens känslor och identifiera det outtalade.

• V4. Reflektera giltighet i känslor baserat på tidigare erfarenheter.

Därefter öva på de första fyra nivåer av validering baserat på egna situationer och elevers reaktioner ifrån verkliga klassrumssituationer.

Session 3, introduktion av den femte, sjätte och sjunde nivån av validering,

• V5. Att hitta stimuli i den aktuella miljön som stöder beteendet och göra det förståeligt i den befintliga situationen.

• V6. Att hitta grunden för att vara på lika villkor med eleven.

• V7. Dela ömsesidig sårbarhet.

Därefter fortsätta öva på verkliga situationer i klassrumsmiljö med tonvikt på att använda alla olika nivåer av validering som behövs.

Session 4, tillämpa validerings kompetens på specifika verkliga problem i klassrummet eller undervisningssituationer och använda sokratisk metod för att ifrågasätta gruppen och fokusera utvecklingen på egna och gruppens kompetens oberoende av instruktör. Läxor ges i att prova nya lösningar på befintliga situationer så att alla ska kunna utbyta erfarenheter i slutsessionen.

Session 5, sammanfattning av alla steg och planering av framtida strateger för fortsatt tillämpning av validerings färdigheter. Fokus ligger på en öppen diskussion kring tillämpad validerings kompetens och hur man kan bevara och stärka dessa i skolan/undervisningsmiljön. Om det vid denna tidpunkt dyker upp "olösliga" problem används en validerande hållning och en "booster" session planeras in.

Ett utvärderingsformulär skickades ut via e - post i slutet av den sju månader långa testperioden. Formuläret hade tidigare använts för en annan undersökning i Gislaveds skolsystem. Av de 111 personer som fick enkäten så var det 98 som besvarade den.

Resultat

1. Profession (svarat 88s, 90 %). Lärare 41 %, Stödpersonal17 %, Special lärare11 %, annat 24 %

2. Hur många utbildningssessioner har du deltagit i? (svarat 86s, 88 %). 10-12 2 %, 7-9 19 %, 6 14 %, 5 26 %, 4 23 %, 3 14 %, 2 0 %, 1 2 %

3. Interventionen har skapat en positiv förändring m.a.p.

problemet (svarat 83s, 85 %). Instämmer helt (6) 14 %, (5) 18

%, (4) 17 %, (3) 24 %, (2) 12 %, (1) 12 % Inte alls

4. Min uppfattning om det problem som vi ville ha hjälp med

har förändrats efter interventionen (82s, 84 %) Instämmer helt

(6) 4 %, (5) 12 %, (4) 26 %, (3) 33 %, (2) 15 %, (1) 11 % Inte

alls

5. Jag kommer att fortsätta att använda validering i mitt yrke.

(82s, 84 %). Instämmer helt (6) 33 %, (5) 17 %, (4) 17 %, (3)

9 %, (2) 17 %, (1) 7 % Inte alls

6. Utbildningen i validering utfördes på ett acceptabelt

sätt.(82s, 84 %). Instämmer helt (6) 32 %, (5) 13 %, (4) 18 %,

(3) 19 %, (2) 14 %, (1) 5 % Inte alls

Diskussion

Syftet med denna fallrapport är att redovisa en intervention i

skolmiljö baserad på validering enligt metoden som beskrivits av

Marsha Linehan (Linehan, 1993) och Alan Fruzzetti (Fruzzetti, 2006).

Interventionen i form av fem tillfällen var kort, men lyckade ändå

förbättra situationen för skolpersonalen (49 %) och många kommer att

fortsätta använda validering (67 %). Mekanismerna bakom detta är

oklara och var inte inkluderade i syftet med fallstudien. Att byta ut

besvärliga situationer med trygga kan var en orsak till resultatet. Det

innebär att effekten kan bero på att personalen upphör med

intermittent förstärkta invalideringar. En annan mekanism kan vara att genom förskjutning av fokus på saker som fungerar också skapa ett schema av intermittent förstärkt adaptivt beteende i stället för det intermittent förstärkta maladaptiva beteendet. Dessutom kan en skicklig användning av icke-verbal kommunikation tillåta en ännu effektivare användning av valideringsteknik och förbättra resultaten i förändringen av störande beteende.

Begränsningar i fallbeskrivningen

Eftersom detta är en fallrapport kan inga slutsatser dras, förutom att detta är ett problematiskt område i skolan och att nya metoder behövs. Resultaten tyder på att det här kan vara en ny metod som också har en teoretisk fördel eftersom metoden bygger på en terapi som har visat sig effektiv i många områden som handlar om dysreglering av känslor. En undersökning i enighet med RCT och i jämförelse med en annan etablerad behandlingsform är nödvändig för att utvärdera potentialen i denna nya strategi.

Kapitel 4

Ångest – känslor kan styra beteenden

Utvecklingen av jaget och identiteten på spädbarn påverkas allra först av affekt eftersom kognition utvecklas först senare, successivt med tiden. (McCullough, 2003). I boken "Affect and Affect Phobia in Short-Term Treatment" förklarar Leigh McCullough hur relationen mellan känslor och ångest: "är grundade i fundamentala känslokategorier - exempelvis sorg, ilska (självstärkande), närhet och positiva känslor gentemot sig själv." (McCullough et al., s.2, 2003). Skam, skuld och sorg är alla grundläggande känslor som trots att de innehåller negativa associationer har positiva effekter långsiktigt. När de hanteras på rätt sätt hjälper de individer att komma närmare varandra som människor. Mekanismen aktiveras när vi känner ansvar för något negativt resultat, vår första reaktion är då normalt negativ, vi blir oftast medvetna om ett obehags känsla, vi skäms. Om vi försöker stoppa känslan genom att förneka den, så kommer den att bli starkare. Men om vi delar vår skam, genom att be om ursäkt och rätta till misstaget så gott vi kan (och den andra personen erkänner våra ansträngningar), kommer vi kunna reparera relationen och förstärka vår relation med individen.

Barns känslokontroll är beroende av en framgångsrik ångestreglering, den utvecklas och stärks genom interaktioner med omgivningen. Stress är en positiv faktor eftersom det hjälper barn att

mobilisera energi, men högre stressnivåer får motsatt effekt. En
oförmåga att hantera förväntningar är en bidragande orsak till
utvecklingen av okontrollerbar ångest i ett klassrum. Om barn inte
tror sig kunna leva upp till förväntningar, så kommer stressen att
utlösa rädsla, rädsla som kan öka på ångesten. Vilket kan leda till ett
undvikande beteenden i klassrummet. Barn i skolmiljö med höga
ångestnivåer visar oftast också tecken på dålig självkänsla den kan
vara kopplad till en oförutsägbarhet av egna eller andras känslor. De
känner sig osäkra på sin förmåga, vilket leder till att de söker stöd för
självet i omgivningen. Om de inte får det utan istället blir
känslomässigt invaliderade så kommer deras reaktioner sannolikt att
bli styrda av starka känslor som har en negativ effekt på beteende,
speciellt i stressade situationer. Beteende som styrs av starka känslor
riktar sig antingen utåt via undvikande eller utåtagerande eller inåt via
tillbakadragande eller självattackerande.

Grafen brevid definierar olika funktionsnivåer beroende på ångest nivåerna hos
eleven. När ångest ökar så försvinner gradvis kontrollförmågan hos eleven, för att

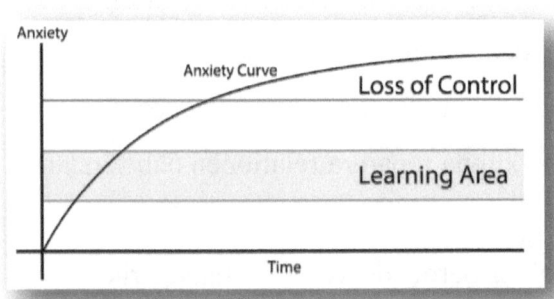

ovanför det översta
strecket försvinna helt.
När det inträffar styrs
beteendet mer av
schematiskt minne,
precis som när man
som bilförare får sladd
på bilen.

Linehan använder begreppen validering och invalidering för att definiera processen bakom individens utveckling av känslor av trygghet eller osäkerhet i en specifik situation (Linehan, M., s. 69, 1993). Förlust av kontroll kan resultera i beteendemönster som är stereotypa och relaterade till tidigare erfarenheter och även anknytningsmönster (se kapitel 5). Beroende på trygg eller otrygg anknytning så blir barnets resurser för att hantera stress i prosocial riktning olika. Barnets upplevelser ifrån tidigare situationer kommer att påverka, uppfattningen av jaget och självkänslan kommer att variera och ger barnen olika nivåer av elasticitet eller sårbarhet. Brene Brown har forskat kring sårbarhet (Brown, 2006) hon har visat att en oförmåga att vara sårbar och visa skam kommer med ett högt pris för den enskilde. Kompensatoriska beteenden blir oftast resultatet, beteenden som kan vara asociala speciellt om andra beteendemodeller saknas i barnets uppväxtmiljö. Ett barn lär sig beteende från framträdande modeller i sin omgivning, och i en miljö som präglas av klassrumsstörande beteende är den mest framträdande modellen oftast den redan existerande. För att skapa mera prosociala beteendemönster så måste de finnas tillgängliga. Forskning bakom beteendemönster i samhället startades av Robert Merton med hans Social Strain Theory (Merton, 1938) han ansåg att varje samhälle har en dominerande uppsättning värderingar och mål med ett godtagbart sätt för att uppnå dem. När brister uppstår och inte alla har möjlighet att uppnå dessa mål så utvecklas en social utsatthet. Barn som är utsatta befinner sig i gapet mellan vad andra har och de kan få. De kan dessutom bara välja mellan de beteenden som finns representerade i deras omvärld. Asociala beteenden finns ofta representerade i överskott, därmed blir revolt emot den etablerade ordningen ett uppnåbart alternativ som kan leda till avvisande av pedagogiska värden och mål. Vilket i sin tur oftast tvingar fram beteende förändringar av asocial natur. För verktyg att motverka detta hänvisas till valideringsutbildningen i kapitel 9 som har sin fokus i att skapa acceptabla modeller för modifiering av beteende till prosociala mönster.

Skam är en viktiga känsla att bejaka och dela. Något som Brene Brown i Shame Resilience Theory (Brown, 2006) bekräftar. Att undvika skam eller skuld ökar stressen och leder till andra negativa utfall. Självkänslan påverkas oavsett, erkännande av skam stärker den, och undvikande försvagar. Att undvika skam tar inte bort den negativa effekten på självkänslan. Genom att inte ta itu med skam och eller skamliga episoder så kan vi faktiskt i slutändan lägga alltför stor skuld på oss själva. Processen kan bli en ond cirkel, särskilt för barn, med undanflykter som leder till mer skam, vilket leder till att försöka blockera ännu starkare känslor och hitta ännu fler distraktioner, vilket leder till ännu lägre självkänsla och så vidare. Därför är skam en viktig grundläggande känsla att kunna hantera på rätt sätt eftersom det kan stärka oss, vår självkänsla och våra nära relationer. Tyvärr är skam inget som barn brukar tala om eller ta itu med på ett konstruktivt sätt, särskilt när det förekommer i ett kaotiskt klassrum eller på en bullrig lekplats. Känslan av skam eller skuld under dessa

omständigheter har en negativ effekt på barnens förmåga att hantera
motgångar.

Att dela skam innebär att:

• Stärka bindningar mellan personer, men bara om känslan är
ömsesidig.

• Minska eller lösa upp ångest, eftersom att dela känslan och
skammen är helande. Att förneka skam ger motsatt resultat:

• Att undvika känslan - ökar ångesten.

• Att skylla på andra - minskar ångesten kortsiktigt men urholkar
självbilden långsiktigt.

• Att skylla på sig själv - ökar ångesten, ledande till tillbakadragande
eller självanklagelse.

• Är inte en reparativ process!

Det är lätt att förstå hur detta kan uppfattas som något
negativt, barn får ofta en felaktig uppfattning om att känna sig sårbara
på grund av skam känslor. Skam känslor används ofta emot dem och
ses som en svaghet, särskilt i samband med mobbning. Det skapar lätt
en fälla som begränsar deras möjligheter till utveckling. Vuxna kring
barn fyller en viktig roll i sammanhanget, deras beteenden kan bilda
förebilder/modeller som ger barnen andra alternativ. Brown har visat
att uppfattningen av skam och sårbarhet som något farligt och dåligt
är fel. Tvärtom, enligt Brown (Brown, 2006) finns det något mycket
positivt i att våga möta grundläggande negativa känslor, men det

krävs mera mod att visa svaghet än motsatsen. När vi lär oss att möta skam och använda den för att reparera och stärka självkänslan, förbättrar vi våra sociala färdigheter och hjälper i slutändan andra. Detta är effektivt för att minska stress och ångest i skolan och klassrummen. Det hjälper lärare och elever att öva på att bli bättre på att reglera ångest, att förbli fokuserad utan rädsla för misslyckande och öka barns förmåga att växa och lära.

Fyra komponenter ger elasticitet och motståndskraft mot de negativa effekterna av skam:

• Empati - förmågan att se världen som andra ser det, vara icke dömande, kunna förstå en annan persons känslor, att kunna kommunicera medkänsla för den personens känslor.

• Kontakt - ömsesidigt stöd, utbyte av erfarenheter, frihet och möjlighet att utforska och skapa behörighet.

• Energi – medvetenhet, tillgång till alternativa val och inflytanden för förändring.

• Frihet från skam filt - Det vill säga inga förutfattade meningar om vad, vem och hur vi bör vara.

Definitionen av Empati:

Empati är förmågan att förstå vad någon upplever och att reflektera tillbaka den förståelsen.

Sårbarhet är ingen svaghet!

Arnott & Josserand

Vi har en felaktig uppfattning om sårbarhet, eftersom vi ser det som en svaghet vilket skapar en fälla för många barn, särskilt i skolmiljöer, en som begränsar barnens möjligheter att lära sig alternativ till destruktiva beteenden. Osårbarhet är inget bra skydd mot skam; det är förenat med en högre risk att bli isolerad och förlora kontakten med viktiga känslor. Förlusten som sker är något som händer alltför ofta i skolan idag. Ömsesidig sårbarhet hjälper till med att reparera den felaktiga uppfattningen hos många barn av skam och sårbarhet som något farligt och viktigt att undvika till varje pris.

Förmågan att förstå och diskutera vad som händer eller har hänt hjälper till med att normalisera elevers uppfattningar om händelser/trauma eller upplevelser. Det hjälper också barn genom att göra dem medvetna om att de inte är ensamma i smärtsamma eller utmanande upplevelser. **Sårbarhet behöver delas!**

Inför kapitlet om Validering senare i denna bok bekräftar Brene Browns forskning att det är helande att dela erfarenheter som vi skäms för. Validering i rätt sammanhang är ett kraftfullt verktyg att använda för att kunna dela skam (kapitel 9). Utan medvetet arbete är det svårt eller omöjligt att dekonstruera och bearbeta skam erfarenheter. En oförmåga leder i värsta fall till en individualisering av situationen och förstärker idén om jaget som dåligt, bristfällig och/eller oacceptabelt, "något är fel bara på mig". Detta leder i sin tur till att barn kan komma att ge upp, speciellt i skolan.

Några fakta kring skam;

• När vi når ut för att hjälpa andra, skyddar vi oss själva.

• Intressant nog är det de erfarenheter som gör at vi känner oss som mest ensamma, och mest isolerade som ofta är de som är de mest universella upplevelser.

• Vi delar gemensamt det som får oss att känna oss mest ensamma.

• Förmåga att prata om skam och motståndskraft emot skamkänslor är positivt relaterad.

• Oförståelse för skam resulterar ofta i en oförmåga att identifiera och namnge en skam upplevelse.

• Vilket leder till den felaktiga uppfattningen att skam bör internaliseras och tystas ner eller hemlighållas.

• Att internalisera skam resulterar i känslor av att vara fångad, maktlös eller isolerad.

Målet i hanteringen av skam bör vara att identifiera elevens sårbarhet, öka deras medvetenhet om hur skamkänslor skapas, tala skam med dem och exponera dem för ömsesidiga empatiska relationer så att de kan dela dem med andra. Utan att ge stöd till och skapa förtroende hos elever att våga visa sårbarhet i relationer så blir sårbarhet och skam allt svårare för eleverna att ta itu med.

Vad kan undvikas?

Vi kan inte selektivt stänga av känslor som vi inte vill ha. Stängs en, så stängs alla. Utan att kunna känna eller visa känslor så

kommer vi att upphöra med att kunna känna kärlek och medkänsla.
Erkännande av skam är en viktig faktor som gör det lättare för dig och
dina elever att söka stöd från varandra och bli mer motståndskraftig
mot motgångar och svårigheter. Motsatsen, att inte erkänna skam, är
att stänga av, vilket ofta leder till överväldigande känslor. Att stänga
ner kan skapa förvirring och rädsla och åtföljs ofta av starka känslor
som ilska, vrede och skuld. Dessa känslor av rädsla, självfördömande,
ilska, vrede och skuld kan bli självanklagande eller riktas emot andra.
Detta är särskilt negativt i skolmiljö, eftersom andra elever drabbas.

Kommunikation för förändring

I hela den här boken, så återkommer vikten av
kommunikation, särskilt gällande svåra och känsliga saker. Utan
kommunikation, blir det svårt att bearbeta händelser, vilket i sin tur
skapar eller vidmakthåller ångest:

• Ångest fokuserad inåt – leder till tillbakadragande och
självanklagelse.
• Ångest fokuseras utåt – resulterar i att barn agerar ut, slåss, trotsar
eller mobbar andra vilket också skadar egna självkänslan.

Förmågan att förstå och diskutera vad som händer eller har
hänt hjälper barn att normalisera bedömningen av händelser,
traumatiska eller övriga. Det hjälper också barnen att förstå att deras
erfarenheter delas av andra och att de inte är ensamma i sina

utmaningar och negativa erfarenheter. Validering som förklaras i kapitel nio är ett kraftfullt verktyg i att göra det lättare för människor att dela upplevelser och känslor. Förändringsarbetet kan börja med att hjälpa skolbarn att lära sig bättre sätt att hantera ångest och lära dem att bearbeta skam, skuld och sorg. För om de inte vågar prata om skam och förstå dess syfte så är det svårt eller omöjligt för dem att förstå och acceptera skam upplevelser. Detta i sin tur kan leda till självanklagelser av typen; "Jag är dålig", "bristfällig", "otillräcklig", "värdelös", eller att det helt enkelt är något fel på mig. Att dela skam och neutralisera dess effekt på självkänslan är nyckeln till att hjälpa barn växa och bli mer motståndskraftig mot stress. Detta är viktigt eftersom de flesta barn saknar en mekanism för att hantera skam. Det är inget de talar om eller tar itu med. Om de lär sig att möta skam och använda den för att reparera och stärka sin självkänsla, så kommer de också att förbättra sin sociala kompetens och kunna hjälpa andra att göra samma sak. På så sätt minskar stressen i klassrummet och mönstret hjälper barnen att hitta nya sätt för att självreglera ångest samt vara fokuserade utan alltför mycket rädsla för att misslyckas och förbättrar dessutom deras förmåga att utvecklas socialt och att lära. Skuld och skam är två skilda konstruktioner som skiljer sig åt avsevärt vad gäller kognitiva, affektiva och motiverande dimensioner. Sårbarhet är nyckeln till hanteringen av skam och osårbarhet är en barriär. Sårbarhet är den kritiska aspekten för att kunna ta itu med skam. Samtal om skam hjälper oss att lära om och öka vår förståelse för skam. Skuld är annorlunda och mycket lättare att erkänna och tala om och därmed inte så problematisk. En förståelse för den grundläggande sociala funktionen hos skam underlättar empati, närhet och förmåga. Bra strategier för skam hantering är att vara med andra som har haft liknande erfarenheter eller prata med människor som förstår skamkänslan. Målsättningen för skam hantering bör vara att identifiera personliga sårbarheter, att öka medvetenheten om hur skam uppstår, och slutligen att prata skam och att skapa ömsesidigt empatiska relationer som kan nå ut till andra. Utan stöd och tillgång till förtroendefulla relationer så blir sårbarhet och skam allt mer svår hanterbart.

Skam hantering är ett långsiktigt arbete!

Att handskas med skam är lite som att simma mot strömmen, ofta verkar det som situationer upprepar sig, bara konstellationerna förändras. Mönstren som skapats under vår barndom är mycket resistenta mot förändring. Det är lite som att försöka komma ut ur kvicksand. Ju mer du kämpar desto snabbare sjunker du. För att lyckas krävs det att inte ge efter för de känslor av hopplöshet och förtvivlan som dyker upp ibland, utan i stället fokusera på en förutbestämd väg, som tidvis kommer att vara tydlig men ofta blir ifrågasatt. Kom ihåg att känslor är bara känslor och de kan förändras mycket snabbt, ibland till och med utan att vi märker det. Om vi går från glädje till förtvivlan eller förtvivlan till lycka på bara några sekunder, vad är vi, glada eller ledsna? Sanningen är att vi inte är våra känslor utan kan välja att vara mer än våra känslor och gå i en riktning som vi tror på i stället för att låta oss styras av känslor som kan ändra sig med ett ögonblicks varsel. Vi kan göra och vara mer, än vad våra känslor tillåter.

Kapitel 5

Anknytning – förståelse för förändring av mönster

Grunden för anknytningsteori som beskrivs av John Bowlby (Bowlby, 1977) och Mary Ainsworth (Ainsworth, 1989) är att anknytning av ett barn till modern eller någon annan primär person har inflytande på alla efterföljande relationer. Mönstret som formas tidigt i livet kommer att påverka alla senare relationer, därmed så är denna första mellanmänskliga relation formad i livet av en speciell betydelse. Tidig anknytningsteori (Bowlby, 1973) fokuserar på relationen mellan barnet och föräldern/vårdnadshavaren. Senare studier har utvidgat begreppet anknytningsmönster till att också omfatta dess påverkan på vuxna relationer. Den viktigaste betydelsen av anknytningsteori i detta sammanhang är att mönster som bildas mellan barn och förälder påverkar relationsmönster även i nästa generation. Föräldrar som växte upp med desorganiserat anknytningsmönster har ökad risk att senare upprepa dessa mönster med egna barn. (Raby, L., Steele, R., Carlson, E., Sroufe, A., 2015). Trots det så kan anknytningsmönster förändras, otrygg/undvikande, otrygg/ambivalent och desorganiserad anknytning kan ändå bli trygg i nästa generation beroende på omständigheter. Som skolpsykolog, så kommer anknytningsmönster hos föräldrar och mellan barn och förälder att vara betydelsefull och också mer eller mindre uppenbara i olika situationer. När man arbetar med föräldrar är det viktigt att hålla i minnet att dessa mönster är inte är oföränderliga, utan att de med rätt socialt stöd kan förändras. I sammanhanget av denna handbok är detta en viktig punkt, särskilt om mönstren som finns och har etablerats är dysfunktionella. Eftersom de förekommer mer eller mindre oberoende av föräldrarnas medvetenhet och har ett betydande inflytande på hur barn och föräldrar interagerar så är det är viktigt att få föräldrarnas förståelse för att:

1. De finns.

2. De har inflytande på den nuvarande situationen i mindre eller större utsträckning.

3. De finns på ett automatiskt och omedvetet plan, vilket gör det svårt att värdera och förändra dem.

4. De kan påverkas eller förändras.

5. De behöver förstås för vad de är, oavsett känslor.

Eftersom föräldrar inte kan påverka sina anknytningsmönster under uppväxten, så bör förhållningssättet till dem vara neutralt. En alarmerande utveckling är dock att dessa mönster i själva verket förändras i negativ riktning. I en metaanalys av förändringar i vuxet anknytningsmönster (Konrath, SH, Chopik, WJ, Hsing, CK, & O'Brien, E., 2014) visade det sig att antalet tryggt anknutna studenter har minskat under perioden från 1988 till 2011 med - 7 % (från 48,98 % till 41,62 %) och att de nu är i klar minoritet. Otryggt anknutna ökade under samma period (från 51,02 % till 58,38 %). Och majoriteten av skillnaden var i antalet undvikande anknutna (från 11,93 % till 18,62 %).

VUXNAS ANKNYTNINGS STILAR:

• Trygg - Positiv modell av sig själv och andra   **42 % (-7 %)**
"Det är lätt för mig att bli känslomässigt nära andra. Jag är bekväm med att vara beroende av andra och med andra är bekväma med att vara beroende av mig. Jag oroar mig inte att bli ensam eller för att andra inte ska acceptera mig".

• Undvikande - Positiv modell av själv, negativt andra **19 % (+7 %)**
"Jag är bekväm utan nära känslomässiga relationer. Det är väldigt viktigt för mig att känna mig oberoende och självförsörjande och jag föredrar att inte vara beroende av andra eller har andra beroende av mig".

• Ambivalent - Negativ modell själv och positiva andra **14 % (-3 %)**
"Jag vill vara helt känslomässigt intim med andra, men jag tycker ofta att andra är ovilliga att komma så nära som jag skulle vilja. Jag är obekväm att vara utan nära relationer, men ibland oroar sig för att andra inte uppskattar mig lika mycket som jag värdesätter dem".

• Fearful - Negativ modell själv och negativa av andra **26 % (+4 %)**
"Jag är obekväm att komma nära andra. Jag vill ha känslomässigt nära relationer, men jag har svårt att lita på andra helt eller vara beroende

av dem. Jag är rädd att jag kommer att fara illa om jag tillåter mig att komma för nära någon".

Undvikande anknytnings mönster karaktäriseras av fokusering på sig själv först och främst, vilket i praktiken betyder större intresse för sociala medier och självbild. Det är ett fokus som förmodligen leder till ökade svårigheter för barn som växer upp i dessa hushåll. Eftersom en förälder som fokuserar mer på sig själv än andra kommer sannolikt att göra det även vad gäller egna barn. Tid kommer sannolikt att spenderas på sociala medier för att förstärka bilden av sig själv snarare än på barnuppfostran eller att stärka barnets bild av att vara värdig kärlek och uppmärksamhet. Detta är ett mönster som har observerats i media och diskuterats i olika forum. Beteendemönster lagras i schematiskt minne, vilket innebär att de är automatiserade och svårtillgängligt för förändring. Forskning har dock visat att dessa mönster fortfarande kan ändras (Waters, E., Merrick, S., Treboux, D., Crowell, J., & Albersheim, L., 2000). Mönstren som lagrats i schematiskt minnet kan ändras genom att träna färdigheter i situationer som liknar de som utlöser de oönskade eller dysfunktionella beteenden. För framgångsrika beteendeförändringar, är det viktigt att analysera dessa negativa händelser, särskilt genom att spåra varje händelse tillbaka till sitt ursprung och hitta vad som utlöste en oönskad reaktion. I en skolsituation så kan oönskade reaktioner från eleverna ofta kopplas till beteenden utlösta av andra elever, lärare eller annan skolpersonal.

Hur kan anknytningsmönster förändras?

Precis som när man arbetar med eleverna själva, så är validering av beteende och modellering av alternativa responser det mest effektiva sättet att föra in förändringar i konflikt fyllda situationer som uppstår i familjemiljö. Se kapitel 6, 7 och 8 för de olika komponenter som krävs. Validering slutligen i kapitel 9 är det verktyg som binder ihop alla dessa delar till någonting funktionellt inte minst genom att hjälpa till att sänka ångest nivåerna under förändringen. För enkelhetens skull låt oss ta ett exempel, om ett barn provocerar läraren bortom hens förmåga måste något hända. Om valideringen används, så kan läraren validera den giltiga delen av barnets beteende. Som för enkelhets skull kan vara att bara vara rastlös; Självklart är du rastlös, du har gjort detta för x minuter och du vill ha en förändring. Läraren fokuserar bort från hens obehagliga känsla av ångest och vidare till den giltiga delen av elevens reaktion. Så länge vår lärare kan förbli i kontakt med sin "logiska" hjärna så kommer hen att kontrollera situationen till viss grad. Men om hen reagerar överdrivit som hens förälder gjorde när hen växte upp, kommer det bara att vara en upprepning av ett automatiserat mönster och inte ge någon kontroll alls.

Det huvudsakliga syftet med kapitlet här och i de olika föräldraskaps och lärare böckerna är att göra alla parter medvetna om att automatiserade mönster existerar och att de har inflytande i nuet och att påpeka att dessa mönster kan ta över om de inte hanteras på rätt sätt.

Kapitel 6

Kontext – nuets betydelse för förändring

För att förstå begreppet i sitt sammanhang så behövs en kort rekapitulation av de andra två tidigare vågorna inom beteendeterapi. Den första vågen av beteendeterapi, som heter just beteendeterapi har fokus på beteendet i sig självt, att ändra beteende är terapins målsättning. Den andra vågen, uppstod när resultaten av första vågen inte räckte till. En förståelse av vikten av att ta med människors tankar i behandlingsprocessen ledde till utvecklingen av kognitiv beteendeterapi (KBT). Båda dessa inriktningar har en mekanistisk strategi för beteende. Tredje vågen har mera fokus på inre händelser såsom känslor, självbild och självkänsla. I tredje vågen används kontext annorlunda än i tidigare beteendeterapi former (Hayes, S., 2004). Kontext betyder enligt svensk ordbok, språkligt sammanhang. Inom tredje vågens beteendeterapi så har det en djupare dimension, det i ögonblicket aktuella, relevanta, observerbara och emotionella faktorer som påverkar situationen i just det ögonblicket. Det innebär att känslor lättare kan hanteras och behandlas genom processer såsom godkännande (acceptance), förändring och mindfulness. Terapier såsom Dialektisk beteendeterapi (DBT) och Acceptance and Commitment Therapy (ACT) växte fram genom den förändrade insikten. Även om metaanalyser av resultaten av behandlingarna hittills har varit blandade så har de lett till nya möjligheter för framgångsrika behandlingar av flera inre riktade symtom (Öst, LG., 2007), (Stotts, AL & Northrup, TF 2015).

Barn med höga ångest nivåer upplever mer av en inre spänning än ett yttre, vilket gör interventioner baserade på tredje vågens beteendeterapi mera lämpliga som metod. Ett kontextuellt fokus kan vara mera direktverkande på känslor och självbild. Kontext i tredje vågens betydelse är vad som händer i nuet, just i det ögonblicket med samtidig vetskap om och välvillig inställning till alla relevanta uppgifter om det förflutna och oro för framtiden. Att fokusera på här och nu är också den användbaraste formen av kommunikation när man står inför utmaningar med ett barn. Kontext är enklast att förstå det som "nuläget" av en situation. Tredje vågen beteendepsykologi hjälper barnen att hitta en väg ut ur en stressande situation genom att fokusera på kontexten och använda beteende modifikationer (kapitel 8) och/eller validering (kapitel 9).

Fokuseringen på nuvarande kontext tillåter fokus att skifta till det som händer just här och nu med en elev. Genom att fokusera på nuet, kan mötet med eleven ske på ett plan som är fritt från det förflutna eller av framtida farhågor. Det förflutna måste ändå tas med i beräkningen när man ändrar beteenden och reaktioner hos ett barn. Båda tillstånden är viktiga ur observations synpunkt och kan användas som referenspunkter för att jämföra med andra och tidigare erfarenheter.Mönster som existerar hos barn gör det av en anledning, oavsett vad det är, och för att ändra dem krävs förståelse:

• Förståelse för vilka mönstren är?

• Varför mönstren finns?

• Hur kan de förändras till någonting mer funktionellt?

Nyckeln till att förstå funktionaliteten är att analysera och förstå mönstret i sitt sammanhang.

Varför är det viktigt?

Utan flexibiliteten att kunna ta ett steg tillbaka, observera och studera vad som händer i nuet, så är det svårt att se funktionen av ett mönster i just det ögonblicket. För att göra effektiva förändringar så behöver vi fokusera på den enklaste delen att förändra. Detta är och kommer alltid att vara i det aktuella ögonblicket, för här och nu samtidigt som saker händer är allt möjligt. Att knyta an till det förflutna eller låta rädsla för en eventuell framtid påverka förändringsarbete gör förändringen mycket svårare eller ibland omöjligt. När barn tappar kontrollen över sin ångest så agerar och reagerar de mera på "instinkt", vilket gör beteendet mer förutbestämt och kopplat till mönster som lagrats i schematiskt minne under uppväxten. Mönster som ju existerar eftersom de hjälper oss att hantera de dagliga kraven i våra liv utan överbelastning av vår kognitiva förmåga. Detta är ännu mer sant för ett barn eller en tonåring. Inlärning i den takt som krävs när man är barn är en påfrestning på både sinnen och viljestyrka.

Om händelser som händer i "nuvarande kontext" kan skiljas från tidigare händelser och tidigare erfarenheter, så blir personen fri att byta till de mest produktiva beteenden för varje givet ögonblick. Det är just idén bakom tredje vågens Acceptance and Commitment Therapy (ACT) och Dialektisk Beteendeterapi (DBT). Dessa terapiformer härstammar båda ifrån gemensamma och viktiga psykologiska definitioner som är nödvändiga att förstå innan vi försöker förändra i nuvarande kontext.

RELATIONAL FRAME THEORY (RFT)

Denna teori (Barnes-Holmes, YS, 2002) bygger på en förståelse för att allt som händer är relaterat genom våra tankeprocesser. Vi kan fritt kombinera alla våra erfarenheter i en pool av relaterade tankar, känslor och minnen. Denna pool är vår resurs för att hantera vardagen. För det mesta, är detta helt funktionellt som en resurs, men ibland leder det till upprepade misslyckanden. Vi kan fastna i osynliga och även undermedvetna mönster som upprepar sig. För att förstå detta bättre, tänk på någon som gräver en grop. Hen har fastnat i gropen och vill komma ut ur sitt den, men eftersom hen har ögonbindel, inser hen inte att hen är fast i en grop och att grävandet bara tar hen djupare ner. När hen ber om hjälp, kastar någon till hen en större spade. Uppmuntrad av hjälpen med insikt om att hen har fått en större spade, arbetar hen hårdare på att gräva sig ännu djupare i en snabbare takt än tidigare. Hen inser inte att hen aldrig kommer att komma ut ur gropen genom att gräva mer. Vad hen verkligen behöver är en stege för att klättra ut ur gropen. Om ingen berättar detta och så kommer hen att sitta fast och bara hoppas på hjälp. Detta exemplifierar begränsningen av vårt relativa sätt att tänka och agera. Om vi fastnat i ett beteende och bara ber om samma typ av hjälp, så gör vi saken bara värre genom att följa gamla mönster. När vad vi behöver är att ändra mönster och göra saker annorlunda. Ett annat exempel på att tänka i relativa termer är genom att upprepa ordet "mjölk". Om du upprepar det kontinuerligt med en hög röst, så kommer ordet snart att förlora sin mening och bara bli ett ljud. Detta exemplifierar tvetydigheten i språket. Ord har ingen tydlig betydelse eftersom de är bara ord som kan förstås på olika sätt av varje person och i varje situation. Här är en anledningarna till att metaforer är mer effektiva på att förmedla mening. Relations delen av RFT är att vår hjärna samlar/kopplar ihop saker i vårt minne så att när du tänker på ordet "mjölk", så tänker du också på alla de tankar som rör definitionen av mjölk. Som i detta exempel skulle kunna vara skummjölk, chokladmjölk, varm mjölk, kall mjölk, filmjölk, helmjölk, lättmjölk, fettfri mjölk, yoghurt, glass, smör, etc. beroende på vem du är och dina individuella erfarenheter I vår vardag händer samma sak men i större skala och snabbare. Vi relaterar vad vi känner till tidigare erfarenheter och försöker förutsäga vad som kan eller ska hända. Dessa svar är rationella och effektiva i de flesta fallen. Utom när saker börjar gå fel, då denna typ av tänkande tenderar att fånga oss i en rad beteenden som ibland inte fungerar, på grund av något som kallas kognitiv fusion (se nedan). Resultaten blir inte det vi förväntar oss, eftersom omständigheterna är annorlunda. När vi har fastnat i destruktiva mönster och försöker upprepa tidigare framgångsrika mönster, tenderar vi att skämmas och attackera oss själva eller andra, vilket i sin tur försämrar vår självkänsla, vilket leder till ännu mera rigida beteenden och faktiskt ökar vår risk för att fortsätta sitta fast i dessa mönster.

KOGNITIV FUSION

Tänk på kognitiv fusion som en mental förlamning där någon har blivit överväldigad av alla sina tankar om det förflutna, nutid och framtid samtidigt i stället för att befinna sig i verkligheten i nuet. När någon väl fastnat uppstår lätt en känsla av förtvivlan eller hopplöshet. Vilket gör beteendet ännu rigidare och ännu svårare att bryta (Hayes, 2004), (Coyne, Lisa W., och Kelly G. Wilson, 2004). När vi har fastnat i rigida, icke-funktionella beteenden, så blir vi oftast också fastlåsta i en sinnesstämning som kan vara förlamande och tärande. Eftersom dessa mönster är rigida men icke-funktionella, så blir det lite som för den blinda personen när hen får en större spade. Vi sliter ännu hårdare men sitter bara ännu mera fast. Självkänslan får sig en törn och vi har svårt att se andra alternativ för att komma vidare. Det är detta som är kognitiv fusion, tankar och handling har blivit fusionerade, det vill säga sammanlänkade. Detta påverkar sedan oss i hur vi tänker, hur vi mår, och vad vi gör. Möjligheterna till ett alternativt beteende är blockerade av låsta tankar och känslor. Ett annat sätt att uttrycka saken är att kognitiv fusion är som en mental

förlamning där tankar om det förflutna, nutid och framtid

sammansmält. En känsla av hopplöshet tar över, beteendet blir ännu

mera låst och situationen följaktligen bara värre.

FUNKTIONELL KONTEXTUALISM

Stephen Hayes (Hayes, 2004) definierar funktionell kontextualism

som ett sätt att betrakta blockerande fenomenen genom att bryta

rigiditeten i separata delar. Centrala komponenter är fokus på hela

evenemanget, en förståelse för dess kontextuella beroende och en

praktisk syn på sanningen som riktar in sig mer på det uppenbara än

det absoluta. Resonemang måste fokuseras på den funktionella delen.

"Sanningen är bara det som fungerar, och bevisas av det faktum att

det faktiskt fungerar!" (Hayes, 2004). Tänkvärt är att när man arbetar

i kontext, bara kontextuella variabler låter sig ändras. Om dina

metoder inte fungerar när du försöker ändra mönster, är kontexten inte

korrekt och förändringar kommer inte att ske. Du behöver acceptera

att du inte fokuserar på rätt kontext och försöka igen nästa gång

situationen uppstår. Bedömningar som denna behöver fortsätta tills du

hittar något som fungerar eftersom, när det gör det, så har du

identifierat den riktiga kontexten. Beviset är det faktum att det

fungerar. Denna typ av kommunikation är inte relaterat till vad du

tycker, utan helt enkelt till det som fungerar i ögonblicket. En viktig

del i att förstå hur detta fungerar är funktionen av språket.

Kärnpunkten i mänskligt språk, och även vår förståelse av det begränsar vår förmåga att kommunicera effektivt. Folk tänker ofta något utan att kunna förmedla det till någon annan på grund av sina egna begränsningar, och även begränsningar i den andra personens förmåga att förstå utan en korrekt kontext. För att komma till rätta med detta hjälper det inte att förbättra de formella egenskaperna hos språket, utan man måste istället lägga till en effektiv kontextuell kommunikation.

Språk har förmågan att leda till att tankar direkt ses som fakta, det vill säga "Jag mår dåligt = jag är dålig." Detta är både en tanke och en känsla som kan uppfattas likadant. Men de är bara tillfälligt bildade tankar och känslor som kommer att förändras, ibland på en bråkdels sekund. Om du råkar må dåligt, är du då fortfarande dålig när du känner dig bättre en stund senare, eller är vem du är annorlunda än vad du känner? Genom att ifrågasätta sanningen om tankar och känslor, så kan vi hitta alternativa tolkningar som sedan kan hjälpa oss att byta till mer funktionella beteenden.

Den viktiga sanningen är att dina beteenden inte bör baseras på vad du tänker, utan istället på vad du gör eller vad du har möjlighet att uppnå. När du byter till mer funktionella beteenden, så blir en önskan att undertrycka gamla mönster mer tilltalande. Du inser förmodligen vid det här laget att avsiktliga försök att undertrycka tankar och känslor bara kommer att öka deras förekomst; Precis som att det gamla talesättet, "Tänk inte på en rosa elefant", leder exakt till den tanken. Vägen ut ur denna fälla är att se bortom konstruktionen av

tankar och fokusera på funktionen av beteende. Om funktionen
vägleder dig, så kommer dina eventuella beteenden att kontrolleras
bara av vad som händer i ögonblicket och vad du önskar att göra av
det ögonblicket. I och med detta kommer du att kunna röra sig i en
värderad riktning och inte vara begränsad av verbala regler eller
tidigare beteenden. Detta är ett bra exempel på kognitiv defusion,
separationen av tankar från beteenden. Du kan ta dig förbi konceptet
att känna sig dålig och vara dålig är samma sak och se att det är en
fråga om ett val. Synsättet kan bryta kedjan som gör att en elev fastnat
i en känsla av att vara dålig. Dramatiska kraftiga förändringar blir
möjliga genom att hjälpa eleven gå bortom det förflutna och fokusera
på här och nu i stället. Då blir det viktigt att ställa frågor som "Är
detta vad jag väljer?" Och "Är det här vad jag vill?" vilket ger fokus
på här och nu via funktionell kontext. Förändring kan inte baseras på
vad som var, men på väl på det som finns i nuläget.

Språk och tankar inte är automatiska eller fixerade, utan
påverkas av kontext. Den kontextuella funktionen är inte att
ifrågasätta dessa tankar, utan att gå vidare i en värderad riktning utan
att fastna eftersom kognitiv fusion kan och kommer att tvinga oss att
fortsätta på en väg som inte leder oss dit vi vill gå. Kognitiv defusion,
att bryta rigida mönster, är endast möjlig genom att tvinga till
förändring i nuet. För att detta ska kunna ske, så måste alla inblandade
personer förstå och följa samma väg och riktlinjer. Du måste kunna se
för att leda en blind, eller åtminstone veta vägen bättre än vad han
gör, om du inte kan.

Kapitel 7

Struktur som verktyg för att skapa stabilitet

Diana Baumrind, klinisk och utvecklingspsykolog, studerade familjestruktur och dess påverkan på barns uppväxt redan på 60-talet. Hennes resultat har stått sig genom tiderna, hon studerade barnen och deras föräldrar genom att analysera barn som utvecklade en starkare motståndskraft och ökad självtillit under uppväxten och spåra särdragen hos familjerna. Hon lyckades särskilja karaktäristiken i föräldrarnas relation till barnen som främjar oberoende och trygga barn. Baumrind (Baumrind & Black, 1967) fann tre olika föräldraskaps stilar och kallade den mest framgångsrika auktoritativ. De två andra stilarna, auktoritära och tillåtande var antingen alltför kontrollerande eller krävde för lite från det enskilda barnet. Baserat på dessa uppgifter karaktäriserade hon föräldraskap i form av eftersträvansvärda interaktioner. Senare forskning har bekräftat att denna typ av föräldraskap verkligen leder till en lägre risk för problem i tonåren och tidig vuxen ålder, exempelvis vad gäller drogmissbruk eller asocialitet (Baumrind, 1991).

Baumrind betonade att en unik kombination av kontroll och uppmuntran stöder utvecklingen av barns självständigt och problemlösnings förmåga. Hon betonar vikten av att orientera barns aktiviteter emot det rationella och förutsägbara. En öppen diskussions stil med föräldrar förbättrar barnens utveckling. Föräldrar som har uppsikt över vad deras barn gör och förstärker önskat beteende i att

följa gällande regler hjälper barnen att förstå varför regler behövs.

Vilket gör barnen bättre anpassade till framtida krav ifrån samhället

och underlättar deras integration. När konflikter uppstår mellan barn

och föräldrar så är de bestämda utan att vara onödigt hårda. Slutligen

så har auktoritativa föräldrar förmågan att förstå sina egna

skyldigheter och privilegier utan att stressa sina barn i onödan. De

respekterar barnens rättigheter och särintressen eller beteende.

Lärare som står inför liknande situationer i klassrummet och

arbetar med störande beteende i skolan kan också använda dessa

rekommendationer för att skapa struktur som syftar till att stabilisera

klassrums beteenden. Lärarens beteenden gör skillnad i klassrummet

och resultaten ifrån Baumrind's forskning kan användas för att ge

idéer om vad som kan göras för att förstärka struktur och

förutsägbarhet. Baumrind konstaterade att en öppen stil i diskussionen

med vuxna förbättrar barns utveckling av social kompetens. Genom

att involvera barn i aktiva och icke dömande diskussioner om beslut

som påverkade dem, förbättras deras förmåga till delaktigthet. Genom

att barns aktiviteter på ett rationellt och förutsägbart sätt styrs upp så

kan barnen/elever utveckla besluts förmågor som behövs senare i

livet. Att lyssna på ett barns åsikter samtidigt som man respekterar

dem, främjar deras utveckling av självkänsla och förbättrar deras

relation till närstående. När vuxna engagerar sig i barns aktiviteter och

har uppsikt över deras interaktioner, så förstärks det önskade beteendet att följa regler vilket hjälper barn att förstå varför reglerna behövs. Barn kan då anpassa sig till livets utmaningar mer effektivt och förstå varför de bör acceptera de sociala krav som ställs på dem. När konflikter uppstår, så bör vuxna stå på sig utan att vara onödigt hårda. Exempelvis, om reglerna inte respekteras och det hela tiden finns en kamp mellan dig och en elev om det, så är en diskussion om målsättningen med reglerna och hur de kan påverka dagliga aktiviteter ett bättre alternativ än att argumentera över själva regeln. Det ger barnet/eleven möjlighet att förstå sina skyldigheter och privilegier, men gör det utan att orsaka alltför stora belastningar på dem. Det visar respekt för deras rättigheter och särintressen.

Baumrind's identifierade tretton olika områden betydelsefulla för interaktioner med barn:

MILJÖ:

• Gör miljön så intellektuellt stimulerande som möjligt.

• Uppmuntra barn/elever att interagera med olika typer av människor i sin omgivning.

• Identifiera korrekt beteende som det normala.

• Ställ krav på barn/elever som uppmuntrar till utveckling.

• Stöd barn/elever i att utveckla egna åsikter.

STYRANDE REGLER:

• Strukturera barns/elevers dagliga aktiviteter med hjälp av regler eller funktionella förhållningssätt.

• I hem/klassrum och under raster och måltider så behöver reglerna övervakas och efterföljas med ett visst mått av flexibilitet.

EMOTIONELL FLEXIBILITET:

• Uppmuntra barn/elever att vara självständiga.

• Uppmuntra emotionell autonomi.

• Uppmuntra till kontakt och utbyte med andra vuxna.

• Var inte överbeskyddande.

• Uppmuntra till självhjälp, självständighet och självtillit.

UPPMUNTRA TILL VUXET BETEENDE:

• Sätt gränser för barnsliga beteende - Detta bör vara adaptivt. Eftersom ett barns behov varierar både över tid och under stress.

• Kräv vuxen beteende under måltider i enlighet med ditt barns/elevs utvecklingsnivå.

• Uppmuntra till ett passande språkbruk - avstå från att acceptera slang eller svordomar.

EN TYDLIG FILOSOFI:

• Skapa en tydlig och begriplig filosofi bakom regler eller ställningstagande.

• Ha tydliga mål och metoder för att följa.

• Skapa tydliga förväntningar på barnets/elevens roll.

• Ha en tydlig och väl definierad roll för din undervisning/föräldraskap. Fastställ normer för dig själv och följ dem. Du måste vara en modell för beteenden som du stödjer. Rör inte ihop olika föräldraskaps/undervisnings stilar.

FAST ATTITYD TILL REGLER:

• Ha en tydlig inriktning på att följa regler. Följa upp reglerna och se till att de följs på rätt sätt. Du kan inte ge vika när ett barn/elev skapar kaos eller hotar något.

• Ha en fast tillämpning av reglerna. Det är viktigt att du upprätthåller de värderingar familjen/skolan har när det gäller att följa regler; Detta måste göras klart och tydligt, inte för strikt utan med fast hand.

• Se till att det finns konsekvenser för när reglerna inte följs.

• Håll fast i din riktning oavsett påtryckningar från dina barn/elever.

• Använd negativa sanktioner när en elev inte vill följa regler (se kapitel åtta).

• Kräv att elever/barn erkänner och uppmärksammar regler.

REGLER SOM EN POSITIV FÖRSTÄRKARE:

• Kritisera eller blockera aktiviteter som strider mot regler, riktlinjer eller på annat sätt förnedrande eller kränker andra.

• Var beredd på att ta itu med konfrontationer när reglerna inte följs.

• Räkna inte med att barn beter sig annorlunda än vad du gör; Föregå med gott exempel med ditt eget beteende.

• Tvinga till konfrontation när barn/elever utmanar med olydnad (se kapitel åtta).

• Använd medvetet belöningar och bestraffningar för att förstärka regler (se kapitel åtta).

• konfrontera alltid trots (se kapitel åtta).

HA FÖRTROENDE FÖR DIN FÖRMÅGA:

• Relatera till barn/elever på självsäkert, lugnt sätt.

• Var proaktiv i stället för reaktiv.

• När barn/elev motsätter sig - behåll kontrollen genom ökad ansträngning.

• Bemöt opposition genom att undvika konflikter utan att förlora självkontrollen. Om beteendet är en tydlig provokation, avvakta tills saker och ting lugnat ner sig.

• Se dig själv som en kompetent person.

• Behåll självbehärskningen när du utmanas.

• Betrakta dig själv som kraftfull, informerad och handlingskraftig.

• Känn dig trygg och bekväm i din omgivning.

UPPMUNTRA SJÄLVSTÄNDIGHET:

• Uppmuntra självständiga aktiviteter – hjälper elev/barn bli mer självmedveten.

• Erbjud alternativa lösningar – barn/elever lär sig flexibilitet.

• Lyssna på kritik – människor gör fel, även du.

• Uppmuntra till opposition – det hjälper elever/barn att utveckla egen vilja och identitet.

• Lyssna på elever/barn och deras åsikter – lär dem självrespekt och självkänsla.

UPPMUNTRA TILL KOMMUNIKATION OCH RESONEMANG:

• Förklara åtgärder genom att ge tydliga motiv. Resonemangen bör vara lätta att förstå och stödjas av goda skäl.

• Uppmuntra till personliga diskussioner – när tillfälle ges.

• Olydnad bör mötas med en konstruktiv dialog, möt trots med ytterligare förklaring, respektera giltigheten i elevers/barns resonemang.

• Uppriktig konversation bör vara normen.

• Alla interaktioner med elever/barn bör åtföljas av resonemang.

• Vid trots, fortsätt resonera tills en överenskommelse kan nås. • Kompromisser behöver stödjas med muntliga resonemang för att ge barn chans att öva på förmågor som behövs senare i livet.

• Uppmuntra övning i tydlig kommunikation för att förbereda förmågan för framtida relationer utan risker för missförståelser (se kapitel 9).

TA ANSVAR FÖR ILSKA:

• Ta ansvar för din ilska när den är befogad, tillåt en öppen dialog om anledningen till din frustration.

• Tveka inte över att vara sårbar och förklara varför när du är frustrerad (se kapitel åtta och nio).

• Förklara värdet av att uttrycka åsikter och i konfrontationer, för att utveckla elevers/barns förmåga att göra det i relationer.

FÖRSTÄRK ÖNSKVÄRDA BETEENDEN:

• Var observant och supportande.

• Var empatisk och svara upp emot elevers/barnens behov och individuella temperament.

ENGAGERA ELEVER/BARN I ANSVARSFULLA UPPGIFTER:

• Ge elever/barn schemalagda väl definierade uppgifter – öva självtillit, ansvar och ömsesidigt beroende.

• Om elever/barn vägrar att acceptera ansvar och de reagerar med trots för att provocera är det bättre att ignorera det trotsiga beteendet.

• Gör elever/barn medvetna om nödvändigheten av att städa upp efter sig och ta ansvar som en medlem av klassen/familjen.

Kapitel 8

Beteendeförändringar i skolmiljö

Skolpsykologer efterfrågas ofta för att hjälpa till med att förbättra den övergripande utbildningsmiljön. Trots och uppförandestörning förekommer i skolan och beteendestörningar i klassrummet stör alla elever. Av detta skäl är hjälp med beteendemodifikationer ett vanligt önskemål i skolor. Beteende interventioner utvecklades så tidigt som i mitten av 1970-talet och även om skolpsykologer ofta kan vara först med att utvärdera svårigheter så har genomförandet av beteendeförändringar bland skolpsykologer varit begränsade (Shapiro, 2014). Nyare forskning stöder dock interventioner för att skapa positivare skolklimat genom att förstärka positiva beteende normer (Bosworth & Judkins, 2014).

Beteendeterapi har en lång historia och omfattande vetenskapligt stöd (Skinner, 2011), operant betingning är en nödvändighet för att förstärka positivt beteende och effektivt hantera klassrums störande beteende. Beteende interventioner är effektiva i förutsägbara miljöer. Begränsningarna när det gäller att uppnå positiva resultat i skolan och hemmiljö beror oftast på att positiv förstärkning och positiv bestraffning används för intensivt. Negativ förstärkning och negativ bestraffning är mindre välkända beteendemodifieringar, som genom sin karaktär ökar känsligheten för framtida belöningar och minskar riskerna för tillvänjning/beroende. Som tidigare har förklarats i kapitel 4 och 6, så är känsloreglering ofta en del av problemet vilket komplicerar situationen. Samtliga fyra metoder för beteendemodifikation förklaras i föräldraboken och lärarhandboken. Ett särskilt fokus finns också på beteende utsläckning, intermittent förstärkning och utplåningsfas. Dessa är fenomen vanligt förekommande när du arbetar med beteende modifieringar hos barn i skol och familjemiljö. Validering (nästa kapitel) är oftast ett nödvändigt verktyg för att hjälpa elever att hantera sina känslomässiga svårigheter vid byte av beteende.

Eftersom beteende kontroll i klassrums- och hemmiljö är en färdighet och ofta inte lärts in i tillräcklig omfattning, så måste det visas/finnas i klassrummet och hemmiljö för att underlätta modelinlärning, det är dessutom viktigt att lärare och föräldrar förstår de olika beteendemodifieringar som är möjliga. Föräldrar och skolpersonal spelar en viktig roll i modellering av korrekta prosociala responser och för att lindra stressiga situationer. Rätt hanterade beteendesvårigheter kan faktiskt föra ihop en klass eller familj och många svåra situationer kan undvikas genom ett korrekt tillvägagångssätt.

Positiv förstärkning som är effektiv i de flesta fall (t.ex. Komet, Cope) fungerar inte alltid, särskilt om barn upplever att de är avvikande på grund av att ett belöningssystem är exklusivt för dem. De kan börja reagera på belöningar som om belöningen inte är det längre. På grund av detta så behövs alternativ för att kunna påverka beteendet, validering som metod är ett sådant verktyg (se kapitel 9),

Arnott & Josserand

men andra beteende modifieringar kan också vara nödvändiga, negativ förstärkning och negativ bestraffning är oftast ganska bra eftersom de är mer subtila i sina effekter och därigenom lättare för barn/elever att hantera. I sammanhanget av att göra beteendeförändringar så är det viktigt att samtliga inblandade förstår att beteendeförändringar lätt skapar ångestframkallande situationer. Situationer som kan göras mindre stressande genom ett validerande förhållningssätt. Validering hjälper barnet/eleven reglera hans/hennes känslor till en tolerabel nivå, en som är mer passande för lärande. Det grå markerade intervallet i grafen nedan symboliserar den mest effektiva nivån av uppmärksamhet för att kunna lära nya beteenden eller färdigheter. Validering minskar ångest och fungerar också som hjälpmedel för att barn ska kunna komma i kontakt med en tillräcklig självkänsla för att våga prova nya beteenden eller lära sig nya saker trots risk för misslyckande.

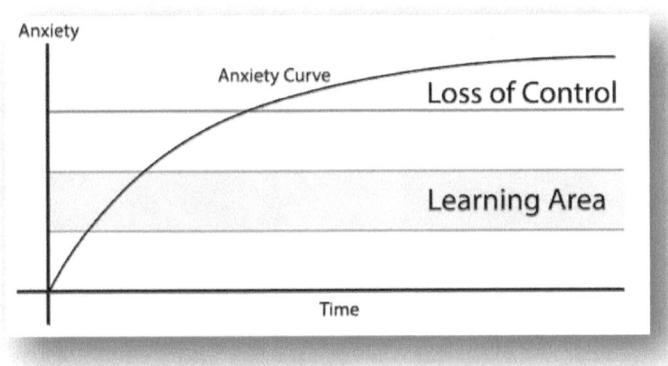

Det markerade grå intervallet symboliserar den lämpligaste nivån av ångest för en inlärningssituation.

POSITIV FÖRSTÄRKNING:

Ge en belöning för att förändra beteende.

Det här är den vanligaste och mest kända förstärkningen, den du förmodligen använder mest idag. Belöningen uppmuntrar beteende som du vill se mera av. Belöningen ökar sannolikheten att ett beteende kommer att upprepas, speciellt om belöningen är stark. Det fungerar inte alltid, alla människor har nämligen olika syn på vad som är belöning. Glass kan fungera som ett exempel, de flesta barn tycker om glass, vissa mer så än andra. Men om ett barn är laktosintolerant så kan glassen bli en bestraffning. När den inte går att äta, blir barnet påmind om sin oförmåga, vilket kan förstärka känslan av utanförskap. Likaså om en belöning ges för ofta, då kan resultatet bli det motsatta. Eftersom överdrivna mönster lätt förlorar sin funktion, barn börjar ta belöningen för givet. Att exempelvis fira Jul varje dag, även om det låter underbart skulle till slut leda till att Julhelgen mister sin förmåga att glädja. Slutligen, om den enda belöningen är artificiell så kommer viljan att göra det som belönas att avta allt eftersom man vänjer sig vid att bli belönad och förmodligen till och med upphöra, precis som med exemplet med Julen. Om belöningar slutar fungera så kan negativ förstärkning vara effektivare.

NEGATIV FÖRSTÄRKNING

Att ta bort något tråkigt för att förstärka beteende.

Detta är ett alternativt sätt att förändra beteende. Till skillnad ifrån positiv förstärkning, där man tillför något, så innebär det här det motsatta. Belöningen består i att ta bort något som eleven gör men inte tycker om. Det finns många exempel på sådana uppgifter som, att slippa räkna matte, slippa gymnastiken, slippa rasten, eller slippa läsa högt. Det här blir bara en belöning när det ges för något som eleven normalt måste göra, finns inte sådana uppgifter så fungerar inte metoden, se kapitel 7. Dessutom finns en risk att få bakslag när man tar bort tråkiga saker. Det kan leda till att eleven inte vill gå tillbaka till det som tagits bort, utan istället uppstår trots så småningom, det måste därför användas med viss försiktighet. Om belöningen görs på fel sätt, kan den starta en kedja av tankar typ; "Om jag kan slippa ifrån det en gång så kanske jag kan slippa ifrån det fler gånger". Det i sin tur riskerar att uppmuntra beteenden som styrs av intermittent förstärkt negativt beteende, se nedan. För en tillfällig uppmuntran är detta dock utmärkt. Exempelvis att låta eleven slippa gymnastiken för att de har lyckats med en svår hemläxa och har glömt gymnastikkläderna. Det här sättet att belöna hjälper eleverna genom att det också fungerar som en modell för hur de själva kan interagera med andra elever.

INTERMITTENT BELÖNING

Oförutsägbar belöning

En mer kraftfull förstärkning av beteende uppstår om du belönar eleven intermittent. Slumpmässighet av en belöning, kan få elever att fortsätta ett för dig önskat eller oönskat beteende, även när det periodvis inte belönas. Inkonsekvensen i belöningen skapar ett mönster av oförutsägbarhet vilket gör eleven mera benägen att inte ge upp. Precis som i vissa former av hasardspel. En typisk situation där det här brukar uppstå med barn är i kön till snabbköpskassan, om barn börjar insistera att man köper något åt dem. Ger man efter ibland och andra gånger inte så uppstår precis den här intermittenta förstärkningen. Trots de ofta får nej så lär sig barnet genom tidigare erfarenhet att man kan komma att ge efter. När det händer ibland men inte alltid så blir det per definition, en intermittent belöning. Barnet har lärt sig att om hen bara inte ger upp så kan de förmodligen få vad de vill ha. Det är en grundmekanism bakom barnens tjat på sina föräldrar. Detta be-teende kan upprätthållas länge även utan förstärkning, vilket gör den svår att avveckla. I skolan kan den ha många skepnader, skolk och snatteri brukar vara länkade till det här belöningsschemat.

INTERMITTENT FÖRSTÄRKT NEGATIVT BETEENDE
Minska ångest genom undvikande

Ibland fastnar barn i destruktiva beteendemönster som beror på att de har slutat att tro på sin egen förmåga. Misslyckanden hopar sig och eftersom belöningarna uteblir så nöjer de sig med att få uppmärksamhet istället, även om den är negativ. Misslyckandena som resulterar i uppmärksamhet är grunden till utvecklingen av trots. När uppmärksamhet bara ges för beteenden som är oönskade, så blir den uppmärksamhet de får ett substitut för en belöning vilket förstärker beteendet. Straff blir då ett alternativ till normal belöning och ger dessutom eleven både förutsägbarhet och uppmärksamhet. Positiv bestraffning blir inte längre verkningsfullt utan möts med mera trots och ännu sämre beteende. När det här mönstret är inkonsekvent, det vill säga, om ett barn kommer undan med att bryta mot reglerna ibland, och 47 andra gånger inte så blir det vad som kallas intermittent förstärkning av ett dåligt beteende. Då finns risken att det här kan utvecklas till någonting mera destruktivt, eleven kommer i så fall att fortsätta göra negativa saker och ta sina chanser vad gäller konsekvenserna. Åker eleven fast så får hen uppmärksamhet, klarar eleven sig så får hen istället en annan belöning. Snatteri är ett typiskt exempel på denna typ av uppförande. Det kan också ta sin form i anklagelser på andra för en egen handling, eller som mobbning. Intermittent förstärkt beteende är mera resistent mot förändring än andra beteenden. Varje gång eleven exempelvis får uppmärksamhet även för ett dåligt beteende innebär i det här fallet oftast en belöning och blir därmed ett incitament för att för-sätta. I vuxenlivet är olika typer av beroenden och missbruk förknippade med det här belöningsmönstret. Kortsiktigt kan beteendet fungera för individen, medan långsiktigt blir konsekvenserna förödande eftersom det ofta för med sig ett så starkt socialt stigma. Därför är det viktigt att upptäcka mönster som denna och arbeta med att förändra så fort som möjligt.

POSITIV BESTRAFFNING

Tillför något som bestraffning

Positiv i den psykologiska bemärkelsen att man tillför något. Bestraffning för att det är menat som något obehagligt, som ska få beteendet att minska eller helst upphöra. Som lärare vet så hjälper det bara ibland att bestraffa elever och det fungerar sämre ju oftare man tvingas ta till det. Ett bra exempel är om man säger till ett barn gång på gång att borsta tänderna. Det hjälper måhända någon gång men om det var effektivt så skulle man inte behöva upprepa det. Barn svarar oftast på för mycket tillsägelse med ord som sluta tjata, eller genom att skrika tillbaka, inte genom att som i det här fallet faktiskt borsta tänderna utan uppmaning. Ett av skälen till den här utvecklingen är förmodligen att bestraffningar är så mycket vanligare än belöningar i samhället i stort. Det här går inte ihop, för att undvika effekten av tillvänjning av bestraffning är riktlinjen ca en bestraffning på fem belöningar. Belöningen för trots - att låta bli att lyda är oftast större än bestraffningens konsekvens. Att genom trots låta bli något för nämligen med sig en känsla av egen kontroll och makt för den som trotsar. Om vi återgår till exemplet ovan så är det därför bättre att istället hjälpa barnet borsta tänderna och dessutom göra det till en rutin ni gör tillsammans. Då blir den stunden istället en belöning och något som barnet ser fram emot.

NEGATIV BESTRAFFNING

Att ta bort något förmånligt

Arnott & Josserand

Detta är en mindre vanlig form av bestraffning och oftast effektivare långsiktigt än positiv bestraffning. Negativ bestraffning överför inte på samma sätt ångest ifrån den vuxna till barnet. När du tar bort något positivt ifrån en elev så blir det obehagligt men på ett säkrare sätt. Det som är bra med denna typ av åtgärd är att det ofta är mer dämpande i hur den uppfattas av eleven. Exempelvis om du begränsar tillgången till belöningar som IPad eller mobilen så blir eleven besviken, men begränsningen är inte värre än att råka ut för andra motgångar. Något som dessutom är viktigt att kunna hantera för alla. Förlusten gör dessutom återinförandet mer uppskattat. Hot om restriktion är intressant eftersom det kan räcka i sig, barns förmåga att projicera negativa konsekvenser är ofta starkt, vilket innebär att även hot, utan verkställighet kan vara smärtsamt och avskräckande. Skulle hot fungera se då till att inte genomföra åtgärden, eftergiften var ju målet. Inte att bestraffa i sig. (Använd hot med försiktighet, eftersom hot som inte verkställs, utan rimlig förklaring kan bli början på en intermittent förstärkning av oönskat beteende). Avslutningsvis är negativ bestraffning mera resistent mot tillvänjning för att den inte kan upplevas intermittent förstärkande.

REGELN OM SOCIAL JÄMFÖRELSE

Sociala jämförelser med andra

Barn jämför sig med andra barn, i skolan och övriga sammanhang. Jämförelser som blir speciellt belastande när barn känner sig utanför eller sårbara. Regeln om social jämförelse innebär att barn helst inte vill vara sämre än sina kamrater. Om det inte går så finns risk för utanförskap och i värsta fall mobbning ifrån andra barn. I filmen "Can't Buy Me Love (1987)" med Patric Dempsey så försöker en ung man i High School att gå ifrån utanförskap till popularitet. Filmen är ett bra exempel på hur självbild påverkas och förstärks beroende på självkänsla och självidentifiering med andra barn. I filmen blir huvudfiguren populär igenom att de socialt inflytelserikaste barnen inkluderar honom i sin sfär. Barn vill vara som andra, inte annorlunda. Botemedlet emot utanförskap är inte att konkurrera med, eller leva upp till normerna hos resten av barnen, utan att kunna se och hantera det faktum att avvikelser finns och är normalt. Skolan och föräldrar har en viktig roll i att reda ut begreppen. Anti mobbningsgruppen brukar vara en bra startpunkt för åtgärder, eftersom lösningen på dessa frågor är ett nära samarbete med barnets kamrater, skolan, andra föräldrar och grannar.

BETEENDE UTSLÄCKNING

Ignorera mönster för att förändra

Det finns många rädslor som barn kan försöka undvika igenom dåligt beteende (se kapitel 4), såsom brist på kamrater i skolan, bristande förmågan att hänga med på lektionerna eller till och med mobbning. Det är en naturlig egenskap hos elever att anpassa sig och förändra beteende utifrån ändrade förutsättningar. Utmaningar tvingar ofta fram förändringar, valet som eleven har är att förändras igenom att anta utmaningar eller undvika dem. Dåliga lösningar och dåligt beteende ifrån barn har ofta sin förklaring i bristen på alternativ.

När elever uppvisar beteende som skadar dem själva eller andra så beror det oftast på dåligt självförtroende, dåliga föredömen eller dåliga alternativ. Genom att förstå att det handlar mer om bristande insikt och alternativ för barnen än illvilligt uppsåt så kan vi med hjälp av beteende utsläckning ge dem bättre möjligheter att bryta dåliga mönster och ersätta bristen på alternativa lösningar med nya effektivare mönster. Att byta ut dessa destruktiva mönster kräver tålamod och att det finns alternativ som på sikt kan fungera lika bra eller bättre än de som ersätts. Svårigheterna ligger oftast i att de beteenden det gäller är kortsiktigt belönande men att de långsiktigt negativa konsekvenserna kommer mycket senare. De är ofta dessutom inte tydliga nog för ett barn att själv förstå konsekvensen av annat än i undantagsfall.

Låt oss titta närmare på vilka beteenden det här handlar om för att sedan fortsätta med att gå igenom själva utsläckningsprocessen i sig. Elever som ligger efter i skolan, är mobbade eller allmänt rädda för att misslyckas eller göra bort sig, försöker hitta sätt att undvika de negativa känslorna. De kan till exempel skolka, spela data rollspel, undvika vuxna och hålla sig i sällskap av andra barn med liknande problem. De kortsiktiga konsekvenserna av det för dem är positivt, de har kul, slipper ångest och slipper göra bort sig eller bli bestraffade.

Hur hantera detta?

När elever fastnar i att göra som de vill utan hänsyn till andra så har det oftast hänt gradvis över en längre period. Föräldrar, skolan och andra har inte lyckats påverka barnet tillräckligt med bättre alternativ. Orsakerna bakom det kan vara flera, kanske har besvikelserna eller bestraffningarna i tillvaron blivit för många och elevens försök att förändras har misslyckats, kanske har olydnad blivit till en rutin. När detta sker så etableras ofta vad som på psykologspråk kallas ett "intermittent förstärkt system". Eleven har vant sig vid belöningen av att inte göra det som begärs och att förändra mönstret kommer att ta tid och kräva tålamod. Själva åtgärden kallas för beteende utsläckning och kräver att du tar bort belöningarna vanligtvis i form av uppmärksamhet. För att kunna göra det så behöver du hjälpa eleven till andra belöningar som kompensation och alternativ. Här är det nödvändigt att hålla ut, annars kan följden bli ännu mera dåligt beteende, till och med värre än förut. Det här beror inte bara på det som varit, utan på att det har kompenserat för något annat som saknades. Det innebär att eleven inte bara tvingas att överge något fungerande utan måste också plötsligt ta itu med det som inte fungerade tidigare, typ matematik eller undervisningssituation. Självförtroendet skadats av det här och behöver repareras för att barnen ska våga prova, och göra nya försök. Därför bör aktiviteter i skolan planeras in som ger ökat självförtroende och förbättrad självkänsla. Det kan vara så enkelt som att eleven får spendera mera tid med sitt favorit ämne, exempelvis slöjd. Eller att kraven i skolan sänks till en nivå som eleven kan lyckas med. Ofta kan man behöva se över både skolsituationen och kamratgruppen. Vad är det som faktiskt fungerar? Vad är det som ligger och skaver och gör att eleven inte kan eller vill göra det som är nödvändigt? Innan du försöker dig på det här, ha klart för dig dina egna begränsningar och se till att få hjälp om du är osäker. Validering i kapitel nio kan vara till stor hjälp i processen. Ta kontakt med skolhälsovården och skolpsykologen om du är tveksam eller vill fråga om råd.

UTPLÅNINGS FAS

Att upphöra med något.

När du försöker begränsa destruktiva beteenden hos elever, så är oftast det första som händer att det förvärras; både i frekvens och intensitet. Det här kallas utplåningsfasen, och själva fenomenet kallas på engelska för"Activity Burst". Det kan pågå i perioder och resulterar i aktivitetstoppar av det som är kärnan i problemet. Dessa återkommande knippen med oönskat beteende beror på att, precis som med andra typer av beroenden, de positiva orsakerna till att beteendet skapades eller tillkom eftersöks. I början är de nya alternativen förmodligen inte lika effektiva, så att eleven återgår till tidigare beteende är naturligt om än besvärande för dig som lärare. Om eleven lyckas innebär det en intermittent förstärkning vilket i sig ökar risken för återfall. Det beror på att varje gång belöningen infinner sig förstärks förmågan att vänta längre på nästa belöning. Varför bäst är att inte ge efter, utan helt upphöra med alla former av belöningar för ett beteende man vill komma till rätta med. Det kan vara svårt eftersom det kanske är din egen frustration som är belöningen. När du förlorar kontrollen så återfår eleven initiativet, din vanmakt blir ett svepskäl att inte förändras. Det här är ett svårt territorium för en lärare och hanteras bäst i samarbete med andra.

SAMMANFATTNING

Beteende, eller hur vi väljer att göra saker, påverkar oss alla på olika sätt beroende på utfallet. När det bli bra, upprepar vi det gärna. När det blir dåligt undviker vi. Beteendeförändringar kräver insikt i vad som ska förändras, vad som fungerar och vad som inte gör det. Anledningarna bakom och mod att våga prova något nytt

Kapitel 9

Validering från DBT som exponering för oönskade känslor

I klassrummet och vardagen förekommer störande beteende hos elever, en del är beroende på påfrestningar inbyggda i miljön, en annan del handlar om elevens bristande förmåga att anpassa sig till situationens krav. Grafen nedan visar hur ökad ångest hos en elev så småningom leder till en förlust av kontroll, målet i undervisningen är att försöka behålla alla elever så mycket som möjligt i de grå n zonen där de har en tillräckligt hög nivå av uppmärksamhet för att lära sig nya färdigheter, men tillräckligt låg för att inte tappa kontrollen. Precis som skådespelare eller föreläsare kan förklara att en viss nivå av stress/ångest hjälper dem prestera bättre, men för mycket leder till förlust av kontroll istället.

Grafen visar hur det kan se ut när ångest skenar och elever tappar förmågan att själv reglera sitt beteende på ett acceptabelt sätt. Ångest som är på den horisontella axeln

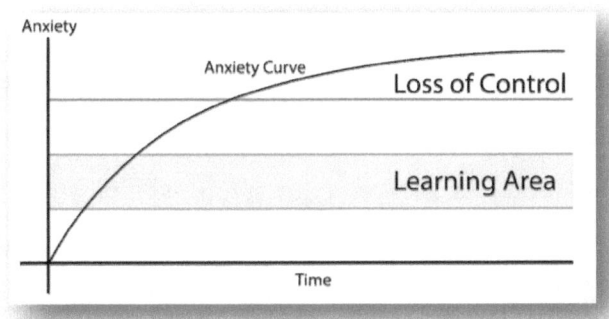

ökar allt eftersom påfrestningarna tilltar i situationen. Vid det röda strecket blir de övermäktiga och dina kommentarer som lärare kan inte längre uppfattas på rätt sätt av eleven. Hen har förlorat kontrollen vilket gör att beteendet blir mera primitivt reglerat. Eleven kopplar in sitt schematiska minne.

Det kan finnas flera orsaker bakom "överbelastningen", stress i sig aktiverar hormoner som kan hämma en socialt korrekt och adaptivt respons. De stresshormoner som är inblandade inkluderar adrenalin, noradrenalin och kortisol - höga nivåer av kortisol påverkar minnesfunktionen och kan hämma förmågan att lagra och återkalla minnen, när de bäst behövs. Överdriven stress kan också leda till en blockering av frontallobens funktion, vilket i sin tur i sämsta fall begränsar individer till ett schematiska beteende som är svårt eller omöjligt att modulera. Resultaten är oftast störande beteenden eller tillbakadragande. Störande beteenden som kan vara att slåss, använda verbala kränkningar eller andra gränsöverskridande beteenden. Om beteendet är tillbakadragande så kan beteendena vara att vara tyst, titta ner eller vägra försöka sig på svårare uppgifter. Orsakerna bakom detta kan vara många, ofta är det osäkerhet/oförutsägbarhet i stunden kombinerat med en rädsla för att misslyckas eller göra bort sig som leder till störande beteenden (exempelvis bråk/oro i klassrummet) eller bristande uppmärksamhet. Det finns många olika sätt att åtgärda problemet, det kan vara att ge eleven extra stöd, skapa struktur eller/och införa belöningssystem. Ibland räcker det. I det fall där det inte fungerar eller är otillräckligt så är validering ett väl strukturerad sätt att hjälpa eleven och klassen.

Exempel på ångesthanteringen ses i bilden här bredvid. Tillbakadragande, dvs att inte agera/reagera är tillsammans med undvikande ett mera passivt mönster medan självanklagelse eller att

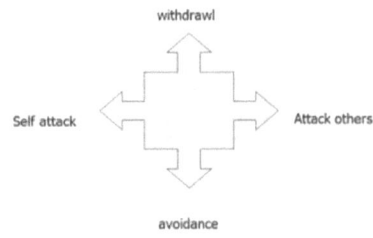

Dealing with Anxiety

anklaga andra är ett mera aktivt hanteringsmönster.

Validering ifrån Dialectical Behavior Therapy (DBT)

Dialektisk beteendeterapi, DBT utvecklades av Marsha Linehan (Linehan, 1993) och var initialt framtagen för behandling av Borderline personlighetsstörning (BPD). En central aspekt av DBT är teorin att utvecklingen av emotionella/psykologiska störningar bygger på en ömsesidig samverkan mellan biologiskt arv och sociala interaktionsmönster. Detta i sin tur skulle kunna vara orsaken bakom dysfunktionella kognitiva scheman utvecklade tidigt i livet.

DBT anses vara förstahands terapi vid Borderline personlighetsstörning (BPD) och har sedan dess anpassats för andra kliniska användningsområden, t ex posttraumatiskt stressyndrom

(PTSD), drogmissbruk, ätstörningar, ADHD, trotssyndrom (ODD) och för behandling av tonåringar i tillägg till vuxna. DBT är en av flera tredje vågens kognitiva beteendeterapier; andra är Acceptance and Commitment Therapy (ACT) och Functional Analytic psykoterapi (FAP). Gemensamt för alla är att de fokuserar mer på vad som fungerar och har sin grund i acceptans av saker som inte kan ändras. Validering är en del av kärnstrategin acceptans i DBT.

Vad innebär validering?

Genom validering kan eleven/barnet känna sig förstådd eller åtminstone synlig. Validering skapar ett mer jämlikt förhållande mellan lärare/föräldrar och elever/barn som behöver kunna förhålla sig till varandra på en positiv interpersonell nivå. Det kan visualiseras som att befinna sig på samma sida som den andra personen. Det motsatta – invalidering är när en person känner sig missförstådd, ignoreras, omotiverat kritiseras eller straffas och förekommer dagligen i vardagslivet. För ett barn eller en elev som växer upp i eller befinner sig i en stressig miljö är det vanligt förekommande. En central aspekt av medveten validering är skapa en tydlig förståelse av de olika effekterna av validering och invalidering. Validering i sig är förmågan att kunna kommunicera med den andra personen att vad han hon gör är förståeligt. Det är en process som utvecklas oberoende av vad som faktiskt är rätt eller fel.

Validering som funktion

Arnott & Josserand

Validering som metod fokuserar på elevens/barnets subjektiva upplevelse av situationen. Det fungerar främst genom att hjälpa barnet/eleven att reglera ångest som begränsar deras förmåga att självreglera. Det fungerar genom att föra ner nivåerna av skam/skuld/sorg och därmed öka självförtroendet och minska ångesten, eftersom speciellt skam kan om den inte hanteras rätt leda till försämrad självkänsla. Om eleven/barnet förebrår sig själv för sina misslyckanden så blir självförtroendet för att våga göra något nytt eller annorlunda sämre. Eftersom lärandet i skolan handlar huvudsakligen om nya saker så blir förhållningssättet snabbt ohållbart för vissa elever/barn och deras förmåga till inlärning minskar och störande beteendet riskerar att skena.

Invalidering, hur vi förlorar vår samhörighet

Validering är lättast att förstå genom att förstå dess motsats, invalidering. Invalidering är när vi förlorar förbindelsen med /kopplingen till vår omgivning. Vi känner oss förvirrade, missförstådda eller så erfar vi bara skam och skuld som är två mycket invalidiserande känslor. Invalidering minskar vår förmåga att anpassa oss till en föränderlig miljö och nya krav. Det höjer vår stress och gör det svårare att fokusera på kärnfrågor. En person som är invaliderad har ofta svårt att lyssna, justera beteende eller klara social anpassning. Invalidering begränsar eller hämmar vår förmåga att anpassa oss till omgivningen sociala krav. När en elev anklagar sig själv för misslyckande så blir hens förmåga att lära sig eller ta in relevant information nedsatt eller blockerad.

Beteendemönstren blir rigida vilket ökar svårigheterna vid en tidpunkt då stöd och flexibilitet bäst behövs.

Varför är skam så betydelsefullt?

Speciellt skam är känt för att på ett negativt sätt vara förbundit med självförtroendet. Brene Brown har gjort omfattande forskning på skam och dessutom förklarat denna mekanism i sin TED talk: http://www.ted.com/talks/brene_brown_on_vulnerability?language=sv. Enligt Brown behövs sårbarhet för att kunna hjälpa barn/elever att bearbeta skam/skuld/sorg. Både vi som vuxna och eleverna måste våga känna oss sårbara. I den gemensamma upplevelsen av sårbarhet finns en del av förklaringen till att Validering som kommunikationsform fungerar. I http://www.youtube.com/watch?v=psN1DORYYV0 förklarar Brown hur vi idag felaktigt ofta ser sårbarhet som en svaghet emedan det egentligen krävs mera mod för att våga visa sig sårbar än tvärtom. Den gemensamma sårbarheten hjälper oss i själva verket att komma närmare varandra. Sårbarhet är en emotionell risk och det känns oftast väldigt obehagligt att sårbarhet. För att elever ska våga förändras så behöver de känna att det är ok att göra bort sig och alltså våga misslyckas. Sårbarhet handlar i själva verket om att våga göra bort sig- egenskapen att våga visa oss som vi är. För barn är det bara igenom att någon annan vågar visa sig sårbara som de vågar vara det själva, det finns ofta en brist i barns närmiljö av människor som är sårbara men ändå starka. Det motsatta finns istället överrepresenterat.

Vad är Sårbarhet?

Sårbarhet är en känslomässig risk och kan vara mycket obehaglig, men om vi ska kunna förändras så måste vi också kunna stå ut med risken för misslyckande. Sårbarhet är förmågan att visa oss som vi verkligen är utan att låta rädslan för misslyckande eller rädsla för att inte bli accepterad styra.

Förändra genom att byta ut!

För att kunna byta till prosocialt beteendemönster så måste de valda mönstren finnas tillgängliga i den omgivande miljön. I mitten på 1900-talet påbörjades sociologiska studier i Chicago för att försöka förklara varför vissa bostadsdistrikt var mera kriminellt belastade och fortsatte att vara det fastän själva befolkningsgrupperna byttes ut, teorin kom att kallas Strain Theory (Merton, 1938). I den formulerades antagandet att varje samhälle har en dominerande uppsättning värderingar och mål med ett godtagbart sätt för att uppnå dem. När det uppstår en diskrepans mellan det önskvärda och det uppnåbara och inte alla har möjlighet att uppnå dessa mål eller värden så uppstår en social stress. I den miljön utvecklas andra mönster som är mera asociala som ett sätt att ändå överleva. Medan hans teori belyser socio kriminella utvecklingar i stadsmiljö så kan en korrelation göras mellan stressen i klassrummen och förekomsten av maladaptiva beteenden hos barn i utbildningsmiljöer. Barnen riskerar att misslyckas, de är stressade, då använder de alla till buds stående medel som de känner till för att ändå klara sig. Om de huvudsakligen omges av asociala beteendemönster så använder de dem ifall andra mönster fungerar sämre eller helt enkelt inte är kända. Exempelvis: Om mina föräldrar har behandlat mig på ett asocialt sätt så kommer jag inte att ha någon möjlighet att lära mig prosociala beteenden om de inte finns representerade ananstans i min omgivning. Det är därför viktigt som lärare att själv vara modell för alternativa prosociala beteenden. Validering är ett sätt att lära eleven ett alternativt, prosocialt beteende istället för det mera asociala gränsöverskridande beteende som bråk/trots/uppförandestörning innebär.

Syftet med att introducera validering som metod i skolmiljön

Utbildningen syftar till att lära ut och förstärka förmågan att validera andra vilket i sin tur ger eleverna en chans att känna sig sedda även i konfliktfyllda och traumatiska situationer. Därmed kan dessa elever i högre utsträckning avstå ifrån gränsöverskridande beteende som bråk/slagsmål/trots. Metoden har sin bästa effekt i att minska och kontrollera ångest/oro. Begreppet validering har definierats som att "uttrycka förståelse (och implicit eller explicit erkännande av giltigheten) av en händelse eller beteende (känsla, behov, tanke, reaktion, osv.) ifrån en annan person". Syftet med validering är att minska ångest som drivkraft till störande beteende och därigenom skapa bättre utrymme för inlärning av alternativa beteenden. Validering i sig kan förstås utifrån dess motsats - invalidering som är det som inträffar när människor känner sig icke förstådda, icke sedda eller på annat sätt kränkta. Det tillståndet minskar deras förmåga att anpassa sig till omgivningens sociala krav. Validering - får personen att känna sig trygg, synlig och förstådd. Det minskar individens stress vilket gör det lättare att lyssna och lära nya beteenden. I skolsituationen innebär detta att en elev som känner sig invaliderad oftast inte klarar av att lyssna, inte förmår att följa undervisningen och har en reducerad förmåga till social anpassning. Validering kan ske på ett ögonblick men kan också kräva uthållighet över en hel dag. Nyckeln till validering är oftast att hitta de förståeliga, kloka delarna i den andres syn på situationen utan att vare sig fördöma eller berömma barnet/eleven. Avsikten med att lära ut validering är att underlätta för alla i stressade miljöer att kunna minska rädsla, otrygghet och gränsöverskridande beteenden hos alla inblandade, eftersom en stressad miljö påverkar alla negativt. Utbildningen i Validering syftar till att utveckla förmågor hos deltagarna att validera omgivningen och framför allt minska avsiktlig eller oavsiktlig invalidering. Genom att de som lär sig materialet får en bättre förmåga att validera så blir de också bättre på att förändra sitt beteende. Det underlättar för att skapa en lugnare miljö och en stabilare skolsituation i klasserna. Validering är att på olika sätt förmedla till någon annan att det de gör är begripligt, även om det inte är rätt eller bra. Genom den handlingen eller det förhållningssättet så känner sig den andre i bästa fall förstådd och i vilket fall sedd. Det skapar ett mera jämlikt förhållande mellan de som behöver förhålla sig till varandra på ett mellanmänskligt plan. Det skulle kunna åskådliggöras som att befinna sig på samma sida som den andre. För att därigenom kunna se, förstå eller sätta sig in i hur den andre känner, tänker eller handlar. Att kunna vara i en gemensam upplevelse med den andre också gällande värderingar, drömmar, visioner och erfarenheter. Vi kan validera genom att förmedla acceptans, att bekräfta för någon att det de gör eller tänker är sant, begripligt, funktionellt, meningsfullt, logiskt, välgrundat eller på annat sätt förståeligt. I en kritisk situation kan detta vara att se det funktionella i det som inte fungerar, det logiska i det som framstår som ologiskt. Helt enkelt att i varje situation inte värdera det som personen gör. Utan att förstå att utifrån den andres perspektiv så finns det något logiskt, klokt, sant eller förståeligt i situationen även när det inte verkar så. Det som är giltigt i situationen, personen som person, reaktioner, känslor, tankar, beteende, kroppsliga reaktioner kan valideras. Det är en växelvis process, vi validerar varandra. Därigenom uppstår en känsla av att vara okay och att den andre också är okay. Det som i vissa fall kallas acceptans. I skolmiljö innebär detta att förmedla till eleven på ett otvetydigt sätt att hens beteende är förståbart och förståeligt i dess sammanhang. Läraren/elevassistenten engagerar sig i att hjälpa eleven genom att se hens aktiviteter, känslor, tankar eller implicita regler som förståeliga. Validering poängterar förnuftet i elevens synsätt. Därefter eller ibland i samma stund så måste läraren/elevassistenten fokusera på att genom att visa på alternativa problemlösningar få eleven att se sitt beteende, förstå vikten av förändring och vidta steg för att ändra beteendet till ett som är mera prosocialt och funktionellt i skolmiljön.

OLIKA VALIDERINGSTYPER

Den första typen handlar om att läraren/elevassistenten finner klokheten, riktigheten eller värdet i elevens emotionella, kognitiva och öppna beteenden. Det viktiga är att hitta beteenden, delar av respons och mönster som är valida/giltiga i kontexten/sammanhanget av nuvarande och relaterade händelser. En funktion av emotionellt lidande är självinvalidering, maladaptivt beteende däremot är oftast självvaliderande kortsiktigt men invaliderande långsiktigt på grund av omgivningens negativa reaktioner. Därför kan förändringar i beteende inte göras utan att en annan källa till självvalidering finns. I sammanhanget är det viktigt att förstå att det motsatta gäller för prosocialt beteende initialt för de här individerna. Alltså att prosociala mönster kan kortsiktigt upplevas som invaliderande, här blir lärarens uppgift att överbrygga svårigheterna genom en egen aktiv validering av elevens försök viktig för att vidmakthålla förändringsarbetet och ge tid för de positiva effekterna av prosociala beteende ska kunna komma på plats. Den som är den andra typen av valideringen som handlar om lärarens/elveassistentens förmåga att observera och tro på elevens inneboende förmåga att ta sig ut ur problemen i hans/hen tillvaro och bygga något som fungerar bättre. I validering så finner läraren/elevassistenten elevens styrkor och spelar på dem inte på hens sårbarhet. Läraren/elevassistenten både tror och tror på eleven.

VARJE VALIDERING SKER I TRE STEG

• **Aktiv observation** är det första steget, här samlar läraren/elevassistenten information om vad som har hänt till eleven eller vad som händer för ögonblicket genom att lyssna och observera vad eleven gör, tänker och känner. Det är viktigt att läraren/elevassistenten är alert och släpper taget om förutfattade meningar eller personlig bias. Det kan annars försvåra eller i värsta fall blockera observerandet av faktiska beteenden, känslor eller tankar hos eleven/barnet.

Släpp taget om rykten, andras åsikter eller tidigare beteenden vad gäller eleven/barnet. Fokusera istället på att fånga upp de outtalade åsikter, värderingar, tankar eller känslor som eleven/barnet faktiskt har i ögonblicket.

• **Reflektion** är det andra steget. Läraren/elevassistenten reflekterar korrekt tillbaka till eleven hens egna känslor, tankar, antaganden och beteenden. Här är det viktigt att 59 vara icke värderande eller dömande. Läraren kommunicerar till eleven, på ett sådant sätt som eleven kan uppfatta att läraren är vaken och lyssnar.

Korrekt emotionell empati, förståelse (utan nödvändigtvis överensstämmelse) av åsikter, förväntningar eller antaganden, och igenkännande av beteendemönster är nödvändigt.

• **Direkt Validering** till sist är att läraren/elevassistenten letar efter och reflekterar förnuftet eller giltigheten av elevens gensvar och kommunicerar att gensvaret är förståeligt. Läraren/elevassistenten hittar det stimuli i den nuvarande miljön som stöder elevens/barnets beteende. Även om informationen gällande alla relevanta orsaker inte finns tillgängligt så är elevens känslor, tankar och aktiviteter förståeliga i elevens nuvarande kontext och liv till dags datum. Beteendet är adaptivt till det sammanhang där det inträffar och läraren/elevassistenten måste kunna se förnuftet i den adaptationen. Även om endast en liten del av elevens sätt att agera är giltigt så gäller det för läraren/elevassistenten att se den del som är det. Det här tredje steget är svårast och definierar validering tydligast.

Genom att hitta det som är giltigt i elevens ansvar, kan läraren /elevassistenten /föräldern ärligt stödja eleven/barnet i hens validering av sig själv.

Sökandet efter validitet är dialektisk, i det att läraren /elevassistenten måste hitta den del av elevens gensvar som är klok och äkta, samtidigt som elevens sätt att agera/reagera på det hela taget kan ha varit dysfunktionellt. Ibland kan validering av elevens sätt att agera vara som att leta efter ett litet korn av guld i sanden.

Man validerar en person genom vad man säger eller gör. I DBT förmedlas oftast begriplighet med mycket tydliga ord: "Klart att du gjorde så, det dämpade din ångest och du kände dig bättre" eller "Tanken att du inte kommer att reda upp din situation och bli ännu bättre är helt begriplig utifrån tidigare misslyckanden och pågående kaos".

Även vårt kroppsspråk kan vara bekräftande eller icke-bekräftande. Att titta ut genom fönstret, bläddra i papper, rynka pannan, le, luta sig fram mot eleven, humma eller bjuda på något kan uppfattas som indikatorer på lärarens/elevassistentens/förälderns grad av acceptans i stunden.

Till och med vår röst och hur vi använder den, dess ton, styrka och intensitet, kan utgöra tydliga signaler på om vi är bekräftande eller inte. Att validera någon genom handling kan vara att göra saker som den andre uppfattar som bekräftande. Detta visar på ett konkret sätt att man förstår den andre och tar honom/henne på allvar.

VALIDERINGSNIVÅER

Det finns sju valideringsnivåer, den första är den mest basala och den sjunde den mest krävande. Läraren/elevassistenten måste kunna validera på samtliga nivåer. Ordningsföljden av validerings nivåer är inte given utan följer av kontexten och växlar hela tiden beroende på det som sker. Valideringsnivåerna kan naturligtvis tillämpas i vilken relation som helst som ska skapas eller bevaras.

Arnott & Josserand

V1. Lyssna och observera. Visa vaken uppmärksamhet (sitta tyst och vara mycket koncentrerad, ha ögonkontakt, nicka, visa att man är närvarande med eleven). Validering på denna nivå är ett absolut krav i all kontakt med eleven.

V2. Summera, spegla, återge, förmedla korrekt förståelse av elevens budskap "stämma av". "Vänta lite, så du menar alltså att...har jag förstått dig rätt?". All kontakt med eleven bör hålla validering på denna nivå.

V3. "Läsa av" eleven, förmedla förståelse av det outsagda.
Läraren/elevassistenten använder sig av intuitiv förståelse och känslighet. "Jag ser att något händer med dig nu...kan du beskriva?", "Jag gissar att du tänker på hur det var nyss när du blev så arg...". Validering på denna nivå minskar oftast allt eftersom man lär känna varandra, eftersom eleven oftast blir bra på att känna igen sina egna känslor. Den har dock sin plats i att stärka relationen mellan eleven/barnet och läraren/elevassistenten/föräldern.

V4. Bekräfta och gör begripligt utifrån elevens/barnets historia: hens erfarenheter, tidigare inlärning och fysiologiska faktorer. "Jag borde inte vara/bete mig så här". "Klart att du reagerade så med tanke på det du varit med om, som vi båda känner till...du hade dessutom sovit uruselt och hade inte ätit frukost ordentligt". Denna form av validering är vanlig, men inte riskfri. Dels riskerar man att påstå något som kanske inte stämmer, dels kan resonemanget ha tvärt om effekt eftersom det kanske inte alls är så enkelt att det beror på någon tidigare omständighet utan kanske beror på något annat som händer här och nu istället. Sen kan det vara så att det faktum att en händelse kopplas till något som hände för länge sedan vara negativt för eleven. Typ "Jag var ju liten då...det gäller inte nu!". Därför bör validering på denna nivå kombineras med validering på nästa nivå, det vill säga kopplad till nutid.

V5. **Bekräfta och göra begripligt utifrån nuvarande omständigheter** och/eller normalt biologiskt fungerande, hitta utlösare och förstärkare i nuet. "Det du berättar om fredagen är inte så konstigt, du har inga kompisar just nu och du ligger efter i skolan...de flesta skulle känna en stor trötthet och hopplöshet av att inte hinna med matten på lektionerna." Validering på denna nivå är central. Den inrymmer de möjligheter till en förändring som för relationen framåt och elever/barn reagerar oftast mycket positivt. Läraren/elevassistenten måste lära sig den svåra konsten att hitta det som går att validera i dysfunktionellt beteende.

V6. **Behandla eleven/barnet som en jämlik och sann person.** Läraren/elevassistenten är genuin och behandlar inte eleven som skör eller mindre vetande. Läraren/elevassistenen ser mer än en roll eller ett problem hos eleven. "Kom igen nu...du har jobbat jättebra och du måste jobba ännu mer…jag tänker inte bara sitta här och se dig passivt åka med i den här berg och dal banan och bete dig som du inte kan, jag vet att du klarar det här, att du kan!" Här består valideringen i att agera som en medmänniska snarare än som en professionell hjälpare. Syftet är att uppnå en högre grad av jämlikhet än vad som är vanligt – jämför med hur Vygotsky beskriver sin Zone of proximal development eller scafolding. Konsten i detta är att behandla eleven som en syster eller bror utan att för den skull förlora sin professionalism.

V7. Förmedla det gemensamma i upplevelsen av sårbarhet utan att förlora fokus på eleven/barnet. Det är viktigt att inte förhålla sig likgiltig, överdriva sin egen kompetens eller på annat sätt utlämna eleven/barnet i sin sårbarhet. "Du, visst är det svårt att tala om såna här saker, man vänjer sig aldrig, säg till om jag kan göra det lättare för dig. Vi måste se till att vi båda mår hyfsat när vi är klara. Vi tar en promenad runt huset tillsammans sedan så att du kan ta bussen hem och jag fortsätta arbeta." Denna nivå av validering har utarbetats i arbete med par och familjer.

När validerar man?

När ska man validera respective "pusha" sin elev? Svaret är egentligen att göra det samtidigt. Valideringen ökar tryggheten i situationen för eleven, därmed så finns möjligheten att förändra utan att överskrida elevens förmåga till adaptation. Det kan vara svårt i början att komma rätt, eftersom allt sker snabbt och ofta parallellt.

Läraren/elevassistenten behöver växla fokus snabbt mellan validering och förändring. Proportionen mellan validering och fokus på förändring skiftar hela tiden. I början kan det krävas mycket validering för en relativt blygsam förändring. Medan det senare kan räcka med bara en bekräftande blick när eleven/barnet ska ge sig på något nytt. Med andra ord inledningsvis kan det behövas stora mängder validering för varje enhet förändring. Mot slutet förväntas eleven/barnet kunna validera sig själv och även andra och därmed kan mera tid/energi läggas på förändring.

TUMREGLER FÖR VALIDERING

1. När den andre eller jag är pressad och/eller förvirrad.

2. När den andre eller jag inte gör det som fungerar.

3. När den andre eller jag gör det som fungerar.

4. När den andre eller jag är glad och/eller nöjd.

5. När relationen är ansträngd.

6. När relationen ska fördjupas.

VERKTYGEN I VALIDERING ANVÄNDS ENLIGT:

Arnott & Josserand

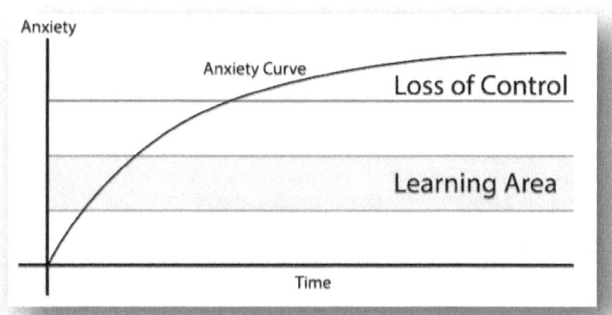

Nivå 1: Vänta, distrahera eller skydda.

Nivå 2: Validera för få situationen under kontroll.

Nivå 3: Pedagogik fungerar bäst.

Nivå 4: Validering för att aktivera.

Kapitel 10

Icke-Verbal kommunikation för att minska missförstånd

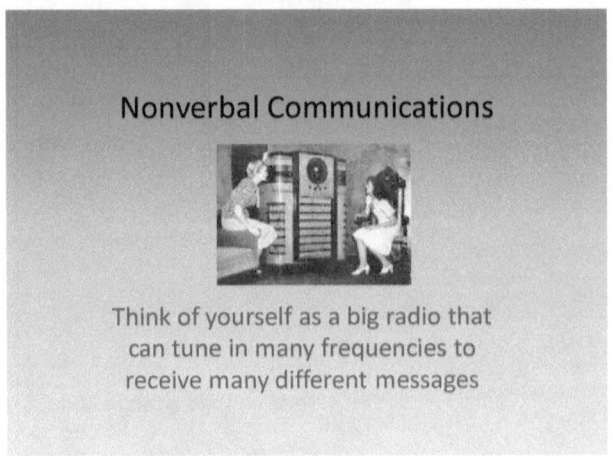

Det kan tyckas överflödigt med ett helt kapitel om icke-verbal kommunikation i boken men som grundaren av humanistisk psykologi Carl Rogers konstaterade så är: "Hela psykoterapins uppgift att ta itu med bristen i kommunikation" (Rogers, 1991). Två tredjedelar av kommunikationen är icke-verbal. Icke-verbal kommunikation är en viktig del av vår perception (Brugel, S., Postma-Nilsenová, M., & Tates, K. (2015). Verklig kommunikation uppstår när vi lyssnar med godkännande av personen -om inte av problemet. När känslor tar över så är det svårt att åstadkomma en normal referensram och icke-verbal kommunikation blir en viktig del av utbytet vid validering. Det här visas bland annat av att det finns en

Arnott & Josserand
koppling mellan icke-verbalt beteende och stöd och trygghet.(

Källström, F., & Dynesius, A. (2014). Icke verbal ommunikation kan dessutom utvecklas över tid (.Thompson, M., Gilliam, E., & Nuffer, W. (2015) Longitudinal assessment of students' communication and professionalism skills across all levels of a Pharm D curriculum. *J Pharma Care Health Sys. S, 2.*

Det här blir speciellt tydligt i situationer när barn inte kan reglera sin ångest på prosociala sätt och befinner sig nära tröskeln till okontrollerade beteenden. Kommunikationen behöver då ofta kompletteras med en medvetenhet kring betydelsen av icke-verbala delar. Verklig kommunikation uppstår när mottagaren förstår att någon lyssnar med förståelse. Validering på nivån sju (ömsesidig sårbarhet, se kapitel 9) visar hur personlig sårbarhet tillsammans med empati stärker kommunikationen. Om du saknar en medveten fokusering på icke verbal kommunikation så kan den bli i konflikt med det du säger.

Det blir tydligast när du validerar och använder dig av sårbarhet, nivå sju. Speciellt om dina exempel inte framstår som äkta. Det vill säga särskilt om dina exempel inte förstås eller inte uppfattas av barnet/eleven som äkta. Konflikten kan uppstå på flera omedvetna plan med barn. Om du exempelvis står framåtlutad över ett barn i stället för att söka utjämna fysiska skillnader i nivå när du ser dem i ögonen minskar barnets förmåga att känna sig trygg. Varje missuppfattning på barnets/elevens sida riskerar att bli invaliderande och skapa motsatt effekt. I hjärnan tolkas signaler som har effekt på känslor i limbiska systemet. Vilket till stor del sker autonomt, och alltså inte står under frivillig kontroll (Mohandas & Rajmohan, 2007).

Det limbiska systemet spelar en central roll i olika beteenden". Dess invecklade funktionella neuroanatomi med olika kopplingar kan vara en del av förklaringen

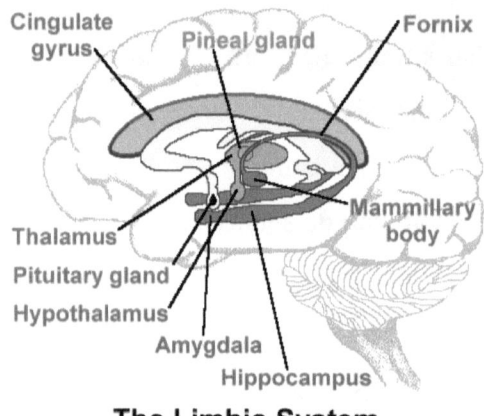

The Limbic System

bakom yttringar av neuropsykiatriska störningar. Forskning har visat att amygdala spelar en viktig roll i olika ångestsyndrom och känslomässiga minnen. Dess övervakande roll av olika neurovegetative funktioner tyder på en viktig roll för det limbiska systemet i att förstå mänskligt beteende och dess avvikelser.

The Limbic System. Indian Journal of Psychiatry, 49(2): (Mohandas & Rajmohan, 2007).

Funktioner hos det limbiska systemet som påverkar beteende:

• Lukt – emotionella svar på lukt och minnen av lukt.

• Sömn och drömmar

• Känslomässiga reaktioner – Ilska och passivitet, autonoma och endokrina reaktioner på känslor, sexuellt beteende, motivation och beroende, emotionella minnen och social kognition.

Alla dessa faktorer påverkar barns beteende, när barn/elever inte lyckas reglera beteende på ett prosocialt sätt så behöver hänsyn tas till att värdera dessa bakomliggande faktorer.

Icke verbal kommunikation motverkar verbal om den:

Motsäger, ersätter, kompletterar, accentuerar eller reglerar. Det är svårt att tolka effekterna av icke-verbal kommunikation när det handlar om känslor och beteende av barn eftersom ord som du talar i princip är samma som du läser, samtidigt som de i verkligheten är allt annat än det. Om icke-verbala signaler saknas så blir en korrekt tolkning av meningen svårare, speciellt för barn. För barn som fortfarande utvecklar sin kommunikationsförmåga så är de icke-verbala signalerna så mycket mer komplicerade att tolka, de innehåller olika underbetydelser beroende på bland annat betoning, en känsla och/eller känslor och bildar en total kommunikationsupplevelse som ett barn/eleven har att reagera på. Tolkningen av icke-verbala signaler under processen förknippad med validering är avgörande för observationer av både humör och känslor både som vuxen och som elev/barn. Resultatet av misslyckad kommunikation på icke-verbal nivå kan vara väldigt kränkande/invaliderande för barn och vuxna och försvårar eller stänger av kommunikationen. När validering används som förhållningssätt så blir den icke-verbala delen av din kommunikation viktig för att förbättra ditt resultat speciellt när det gäller yngre barn. Varje kommunikations misslyckande riskerar att driva båda inblandade längre bort ifrån en bra kommunikation och riskerar förlust av kontroll.

Michael Argyle från Institutionen för experimentell psykologi vid Oxford skrev om ickeverbal kommunikation (Argyle, 1972).

Han beskriver tre olika typer av icke-verbal kommunikation:

• känslomässig/attityd

• styrd av tungan (komplex sekvens och struktur)

• gester (istället för språk)

Barn experimenterar och finslipar sina förmågor att använda icke-verbal kommunikation ända upp till vuxen ålder. I familjen sker experimenterandet relativt ohämmat, föräldrar ser mera dynamiska uttryck medan i andra miljöer är barnens uttryck mera begränsade. Skratt och gråt är exempelvis mera vanligt i hemmiljö. Både gråt och skratt börjar i barns utveckling som fysiska reaktioner på kittlande eller klämmande och förändras gradvis genom barnets mognad till att inkludera kognitiva reaktioner som humor eller sentimentalitet. Ett exempel är ett barn som har stukat tån och går till sin mor för att få tröst, modern kanske tröstar genom att kyssa tån och göra det bättre i motsats till en tonåring som gråter över en förlust av pojkvän. Ett annat exempel är barnet som skrattar när mamma kittlas och senare i livet som tonåring gör samma sak som svar på det senaste skämtet. I båda fallen är de uttryck för smärta eller njutning. Föräldrarna bemöter fysiska uttryck av smärta eller njutning intuitivt med lugnande, leenden och kramar. Allteftersom barns uttryck blir mer kognitivt utvecklade så måste föräldrarna göra mera komplexa

bedömningar av vad som är lämpligt gensvar. Exempelvis kan en

hand på axeln ersätta en kram eller en klapp på ryggen bekräfta

humor.

Aggressiva interaktioner (känslomässiga/emotionella)

Dessa kännetecknar dåligt uppförande hemma eller

maladaptivt beteende i skolan. Validering tidigt i beteenden kan

resultera i en snabbare återgång till ett normalt tillstånd av känslor

eller funktion. Valideringsnivåer som krävs för att använda på ångest

förändras beroende på ångestnivå. När elever/barn/ungdomar förlorar

kontrollen så är det oftast bättre att avvakta.

Eftersom högre ångestnivå automatiskt medför mindre

kontroll av beteende hos eleven/barnet så blir bemötandet olika

beroende på beteende. Eftersom det limbiska systemet är starkt

kopplat till överlevnad så blir icke-verbala signaler under stressade

förhållanden kopplade till primitiva fysiologiska reaktioner såsom

ökad puls, ökad andning, förändrade ansiktsuttryck, högre röstläge

och annan kroppshållning. Uttrycken varierar hos individer och

beroende på stressnivå. Ibland är tecknen mera subtila andra gånger

betydligt mera aggressiva. Bemötandet är dock lika, ett lugnt

validerande av känslotillstånden även om inte sakfrågan kan

valideras. Det skapar förutsättningar för att minska ångest hos den

drabbade och gradvis leda in beteendet på mindre hotande och

prosociala beteendemönster. Det finns ledtrådar som ofta föregår det aggressiva beteendet exempelvis ett barn som blir mer oroligt kan först ändra från ett leende till en liten rynka på pannan. För att sen bli ett hånleende eller bitande i käkmusklerna. Därefter kan om ångesten ökar, det resultera i förlust av kontroll och fysiska reaktioner på omgivningen, såsom fysiskt våld, aggression emot inredning eller sig själv.

Vikten av ögonkontakt

Förmågan att validera kan stärkas av hur du använder dina ögon. Ögon uttryck kopplade till ansiktsuttryck har förmågan att uttrycka känslor; lycka, ilska, sorg, avsky och fruktan. Den enkla handlingen att etablera ögonkontakt möjliggör ytterligare kommunikation. Blickar kan indikera intresse medan att stirra, titta bort och blänga stoppar valideringsprocessen. Genom att uppmärksamma ögon uttryck kan barns tillstånd bedömas i ögonblicket.

Vad barn gör när de säger saker

De icke-verbala kommunikations signaler som uppstår med språket eller i stället för språk, tungrörelser - komplexa sekvenser, strukturer och gester är också viktigt. Exempel: små barn pekar på föremål eller mumlar sina första ord för att få uppmärksamhet ifrån föräldrar eller söka bekräftelse. Mödrar ändrar ofta tonläget på rösten när de kallar på eller samlar ihop barn. Vuxna ökar volymen i sina röster när de blir mera avlägsna. När barn berättar så kan motsägelser emellan barnens berättelse och icke-verbala signaler, såsom

undvikande blick eller otåliga kroppsrörelser hjälpa föräldrarna
avgöra om de ska tro på barnets berättelse. Det är inte ovanligt att
föräldrar söker motsägelser emellan den verbala och icke verbala
kommunikationen för att försöka avgöra om barn är sanningsenliga.
Ett användbart sätt att underlätta för barn i kommunikationen är tur
tagande i samtal, det inger förtroende och skapar en mera jämlik
dialog. Nickningar och tydlig ögonkontakt stärker kommunikationen.
Handgester som tummen upp och vinkningar förtydligar avslut.
Eftersom icke-verbal kommunikation mellan barn och vuxna
innehåller information eller ledtrådar som är exklusivt för dem så
behöver lärare och föräldrar ha i åtanke att underlätta för
eleven/barnet genom att visa på lugnande icke-verbala beteenden.
Alla bekräftande signaler hjälper barnen med att reglera ner sin
emotionella nivå.

Icke-verbala signaler och ångestnivåer

Om vår graf över ångestnivåer och kontroll används som underlag, så blir
förlusten av kontroll också
tydlig vad gäller icke-
verbala signaler som
minskar i antal ifrån ett
stabilt känslotillstånd fram
till kontroll förlust. Detta
indikeras av vektorn nedan
och symboliseras av värden
mellan -5 till -10. Figuren är
en teoretisk modell

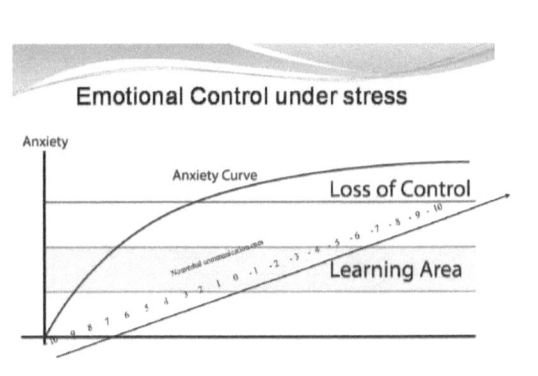

Kapitel 11

Stöd i utvecklingspsykologi för hur hantera förändringar

Lev Vygotsky (f.1896 d.1934) såg barns utveckling som en funktion av deras sociala interaktioner och miljö. Enligt Vygotsky så är samspelet mellan barn och miljö primärt ansvarig för deras utveckling. Piaget (f.1896 d.1980) ansåg däremot att barn måste utvecklas via olika stadier, beroende av inre mognad och yttre förhållanden. Vygotsky, såg barnen som mycket mera flexibla vilket betydde att barn som får hjälp i nära kollaboration med en annan mera utvecklad individ skulle kunna utvecklas trots begränsningar i mognad. Barn som får stöd genom en nära relation skulle alltså ha fördelen av att kunna lära sig ifrån vad de ser och vem de interagerar med och inte vara begränsade till befintliga kunskaper.

"The child can enter into imitation through intellectual actions more or less far beyond what he is capable of doing in the independent mental and purposeful action or intellectual operations" Vygotsky *(McLeod 2007 uppdaterad 2014).*

Vygotsky kallade detta för: **Zone of Proximal Development**, vilket betyder ungefär "en utvecklande närhet" - baserad på formen av samverkan som sker när en person med mindre kunskap (eleven), arbetar tillsammans på en uppgift med en annan person som är mer kompetent att lösa uppdraget. Per definition är det skillnaden mellan vad en student kan göra på eget bevåg med eller utan hjälp. I detta sammanhang precis utanför studentens egen förmåga, bygger på och kompletterar studentens befintliga kunskaper. Själva processen kallade Vygotsky: **Scaffolding**. Betydelsen här i samband med denna bok är att påpeka att när det gäller beteende förändringar hos barn/elever med hjälp av validering så är syftet oftast att lära in nya beteenden som i sin tur är beroende på ett aktivt engagemang från både lärare och elev. Mycket av själva inlärningsmekanismen är modelinlärning. Vygotsky ansåg att lärandeprocessen är dualistisk, vilket innebär att en partner är en nödvändig ingrediens. Lärarens insatser kan därför inriktas på att stödja utvecklingen genom visad sårbarhet och acceptans och genom en anpassning av den sociala miljön i klassrummet. Lärande hos både Vygotsky och Piaget kräver aktivt kunskapssökande vilketkräver en motiverande situation för eleverna. Det krävs en dynamisk tvåvägskommunikation för att orka lära så mycket som möjligt på alla nivåer. Genom att kombinera vad du kan och vill undervisa som lärare med studentens motsvarighet, är kunskapsutvecklingen mycket mer effektiv. Sociala interaktioner utmärker lärande inte bara i form av ren kunskap, utan också när det gäller beteende. Därför är det viktigt att förstå att förändra beteenden kräver ett nära samarbete mellan lärare och elev och motiverade studenter. Utan insikt i denna dualism, är det lätt för eleven att känna sig nedstämd. Och hela processen kan bli kvävd.

Kapitel 12

Hur genomföra ett paradigmskifte

Förändringsprocessen

Skolor och organisationer fungerar i ett komplicerat samspel, att förändra din roll genom arbetet med den här boken kommer också att förändra balansen i organisationen. Förebyggande arbete är en viktig roll för elevhälsan och därmed även för skolpsykologen, enligt Vägledning för elevhälsan ifrån hösten 2014 så står det att: "Elevhälsan ska främst arbeta hälsofrämjande och förebyggande och elevhälsans personal ska även stödja elevens utveckling mot utbildningens mål."[3] Rollen att arbeta förebyggande är nödvändig men också problematisk. Risken är att du stöter på svårigheter när du försöker arbeta med verktygen i den här boken.

- Dels för att det innebär en förändrad roll för dig i en redan stressad organisation.

- Dels för att våra metoder innebär långsamma förändringar.

- Dels för att utsläckning av dåliga beteende mönster ger "activity bursts" (kap 8).

- Slutligen för att rädslan för att misslyckas ökar ångesten, din egen och andras.

---

[3] 2 kap. 25 § skollagen och prop. 2009/10:165, s 656-657.

Därför är det viktigt att lyfta fram sårbarhet och att använda de verktyg som finns för att möta ångest och dela sårbarhet (Validering kap 9). Normalt fungerar organisationer enligt principerna för positiv förstärkning och positiv bestraffning (kap 8). De är populära metoder och vanligast förekommande eftersom de ger omedelbara resultat i att sänka deltagarnas ångestnivåer. Om en straff/belöning fungerar så kommer det att göra det omedelbart. Det blir något som förstärker tendensen att straffa/belöna igen när något liknande inträffar. Det här blir lätt en fälla när det är dags att förändra mera på djupet eller långsiktigt. Att förstärka någon för att långsiktigt förändra beteende är en långsammare process och det tar längre tid för att nå ett bestående resultat, förstärkning behöver finnas mycket oftare än bestraffning för att lyckas. Straff skapar undvikande och resulterar i minskad aktivitet, och ökad aggression. Belöningar har motsatt resultat långsiktigt vilket uppmuntrar utveckling och tillväxt (Daniels & Dan, 2004).

Metoder fungerar bara om de tillämpas på ett effektivt och acceptabelt sätt. Vanligtvis prövas nya metoder för första gången i de mest problematiska skolorna och i de mest kaotiska klassrumsmiljöer. Om så är fallet, krävs tålamod. Vid beteendeförändringar, särskilt beteende utsläckning, så förvärras beteendet till att börja med, även när allt görs rätt. Därför är det lämpligt att börja i mindre skala. Omgivningen behöver se resultat och förstå hur det fungerar, förändringar behöver därför bygga på gradvis framgång och att hantera invändningar är snarare regel än undantag.

Sammanfattning:

Följ grundmodellen och börja med färdighetsträning i validering först, dels minskar det stress hos personalen och tar tid att lära sig. Utbildning för ett specifikt fall kan fungera, men färdigheter kan inte användas i skolan eller hemmiljö tills certifierade kunskaper uppnåtts. Felaktig validering = invalidering och om den tillämpas i kritiska situationer kommer det att leda till ökad oro och troligen fler beteendesvårigheter.

Det rekommenderade metoden är att:

- Identifiera en målgrupp för validerings träning, ta den tid som behövs för att nå en certifierad kompetensnivå. Börja gärna med en intensiv halvdagsutbildning för att kunna införa validering snabbare.

- Välj interventionsnivå beroende på svårighetsgrad av störande beteende.

  Nivå ett: Valideringsträning 4-6 timmar med uppföljning. Fungerar på normala till något störda klasser.

  Nivå två: Se ett + träning i och handledning av lärare och föräldrar enligt verktygen i respektive böcker. Fungerar på klasser med mera allmänt störande beteende och någon eller några oreglerade elever.

Nivå tre: Se två + därutöver separation av problem elev ifrån vanlig undervisning helt eller delvis. Därutöver veckovis handledning av skolpersonal och föräldrar. Fungerar på specifika elever med begränsad eller ingen förmåga till prosociala beteende mönster som inte kan fungera i skolmiljö.

Nivå fyra: Se tre + därutöver handledning dagligen, plus efter behov samt användning av ytterligare DBT-färdigheter enligt behov (handleds endast av skolpsykolog med både träning i DBT-validerings färdigheter och full utbildning i DBT-Intensive). Fungerar på återstående svårlösta fall.

• Räkna med motgångar, detta är en metod som bygger på vunna erfarenheter, kontextuell fokus är oftast svårt att hitta till att börja med så misstag är mera regel än undantag. Metoden bygger på vunna erfarenheter och misslyckanden är viktiga erfarenheter som bildar byggstenarna till långsiktig framgång.

• Tänk på att utvärdera resultatet, börja med baslinjemätningar, SDQ på eleven/barnet för alla vuxna inblandade samt sista sidan i utbildningsmanualen för de som gör utbildningen i validering.

• Slutligen DBT-Valideringar bygger på en stödjande gemenskap bland de som använder metoden så tveka inte att använda den!

Hänvisningar

Videoklipp för Extra Hjälp:

- Ted Talk: Brene Brown

  1. Listening to Shame (Kapitel 4)

  2. The Power of Vulnerability (Kapitel 9)

Webbplatser för Extra Hjälp:

- ContectualScience.org

  ➢ What is RFT

- FoxyLearning.com

  ➢ Tutorials

Litteratur för Extra Hjälp:

- The High-Conflict Couple   By: Alan E. Fruzzetti, PH.D.

  Facebook Föräldragrupper

  DBT validations (Grupp)

:

Referencer

Ainsworth, M. (1989). *Attachments beyond infancy* (Vol. 44). American psychologist.

American Board of Professional Psychology. (2015). *STATE REQUIREMENTS FOR CE*. Retrieved from abpp.org: http://www.abpp.org/i4a/pages/index.cfm?pageid=3344

Argyle, M. (1972). Nonverbal Communication in Human Social Interaction. In R. Hinde, *Non-Vebal Communication* (pp. 243-269). Cambridge University Press.

Barnes-Holmes, Y. S. (2002). Relational frame theory: A post Skinnerian account of human language and cognition. *Advances in child development and behavior*, pp. 101-138.

Baumrind, D. (1967). Child care practices anteceding three patterns of preschool behavior. *Genetic Psychology Monographs, 75*(1), 43-88.

Baumrind, D. (1991). The Influence of Parenting Style on Adolescent Competence and Substance Use. *The Journal of Early Adolescence, 11*(1), 56-95. doi: 10.1177/0272431691111004

Benner, G. s. (2012). Behavior intervention for students with externalizing behavior problems: Primary-level standard protocol. *Exceptional Children, 78*(2), 18.

Bosworth, K. M. (2014). Theories of Bullying and Cyberbulling. *Theory Into Practice,* *53*(4), 30-307. doi:10.1080/00405841.2014.947229

Bosworth, K., & Judkins, M. (2014). Tapping Into the Power of School Climate to Prevent Bullying: One Application of Schoolwide Positive Behavior Interventions and Support. *Theory Into Practice,* 300-307. doi:10.1080/00405841.2014.947224

Bowlby, J. (1977, November 19). Aetiology and psychopathology in the light of attachment theory. *The British Journal of Psychiatry, 130*(3), 201-210.

Brewerton, T., & Dennis, A. (2014). *Eating disorders, addictions and substance use disorders : research, clinical and treatment perspectives.* Heidelberg : Springer.

Brenninkmeijer, V., Vanyperen, N. W., & Buunk, B. P. (2001). I am not a better teacher, but others are doing worse: Burnout and perceptions of superiority among teachers. Social Psychology of Education, 4(3-4), 259-274.

Brown, B. (2006). Shame resilience theory: A grounded theory study on women and shame. *Families in Society,* 43-52.

Cappella, E., Reinke, W. M., & Hoagwood, K. E. (2011, Dec). Advancing Intervention Research in School Psychology: Finding the Balance Between Process and Outcome for Social and Behavioral Interventions. *School Psychology Review,* 455-

464. Retrieved from http://p2048-

www.liberty.edu.ezproxy.liberty.edu:2048/login?url=

http://search.proquest.com.

Cowen, J. M. (2012, Oct). Interpreting School Choice Effects: Do Voucher Experiments Estimate the Impact of Attending Private School? . *Journal of Research on Educational Effectiveness, 5*(4), p384-400. 17p.

Coyne, L. W., & Wilson, K. G. (2004). The Role of Cognitive Fusion in Impaired Parenting:an RFT Analysis. *International Journal of Psychology and Psychological Therapy, 4*(3), 469-486.

Cuomo, G. A. (2015). *New York's Failing Schools.* Albany: Office of the NY Governor.

Daniels, A., & Dan, J. (2004). *Performance Management: Changing Behavior That Drives Organizational Effectiveness.* ADI Accelerating Business Performance.

Darling-Hammond, L. (2015). Teacher education and the American future. *Journal of Teacher Education*, 35. Retrieved May 30, 2015, from Darling-Hammond, Linda. "Teacher education and the American future." Journal of Teacher Education 61.1-2 (2010): 35+. Academic OneFile. Web. 30 May 2015.

Dinkes, R., Kemp, J., Baum, K., & Snyder, T. (2012). *Indicators of school crime and safety:2009.* Washington, D.C.: U.S. Department of Education.

Education, U. D. (2012). *Digest of Education Statistics, 2011* . U.S.Department of Education (NCES 2012-001),Chapter 2.

Fairbanks, A. M. (2015, January 8). Will test-based teacher evaluations derail the Common Core? *The Hechinger Report.*

Flynn, A. (2014). Personaity Disorders and Intellectual Disability. In *Psychopathology in Intellectual Disability* (G. Tsakanikos, & J. McCarthy, Trans., pp. 177-190). New York: Springer-Verlag. doi:10.1007/978-1-4614-8250-5

Fruzzetti, A., & Shank, C. (2008). fostering Validating Responses in Families. *Social Work in Mental Health, 6*(1), 215-227. doi:http://dx.doi.org/10.1300/J200v06n01_17

Fruzzetti, A. E. (2006). *high-conflict couple; A dialectical Behavior Therapy Guide to finding Peace, Intimacy & Validation.* Oakland: New Harbringer Publications, Inc.

Gatzke-Kopp, L., Greenberg, M., & Bierman, K. (2014). Children's parasympathetic reactivity to specific emotions moderates response to intervention for early-onset aggression. *Journal of Clinical child & Adolescent Psychology*, 1-14.

Genard, G. (2004). Leveraging the power of nonverbal communication. *Harvard Business Journal, 1*(2), 3-4.

Gi, H., Lai, S., & Ye, R. (2011). A cross-cultural study of student problem behaviors in middle schools. *School Psychology International, 32*(1), 20-34.

Gil-Monte, P. R., Carlotto, M. S., & Gonçalves Câmara, S. (2011). Prevalence of burnout in a sample of Brazilian teachers. The European Journal of Psychiatry, 25(4), 205-212.

Gossen, D. (2010, June 8). Student Behavior. *International Joural of Reality Therapy*, 4. Retrieved from http://p2048-www.liberty.edu.ezproxy.liberty.edu:2048/login?url=http://search.proquest.com.ezproxy.liberty.edu:2048/docview/214439981?accountid=12085

Hall, W. (2013, April 5). *BOOMOWN2:TAXPAYERS HAVE SPENT $15 TRILLION on "WArR ON POVERTY"*. Retrieved from BREITBART: http://www.breitbart.com/big-government/2013/04/05/boomtown-2-taxpayers-have-spent-15-trillion-on-the-war-on-poverty/

Hart, S., Brock, S., & Jeltova, I. (2014). *Identifying, assessing, and treating bipolar disorder at school.* New York: Springer.

Hayes, S. C. (2004). Acceptance and Commitment Therapy, relational frame theory, and third wave of behavioral and cognitive therapies. *Behavior Therapy*, 639-665.

Hayes, S., Barnes-Holmes, D., & Roche, B. (2002). Relational frame theory: A post Skinnerian account of human language and cognition. In H. Reese, & R. Kail, *Advances in Child Development and Behavior* (Vol. 28, pp. 101-138). Elsevier.

Henggeler, S. W., Schoenwald, S. K., Borduin, C. M., Rowland, M. D., & Cunningham, P. B. (2009). Multisystemic therapy for antisocial behavior in children and adolescents. Guilford Press.

Hofmann, S., Sawyer, A., & Fang, A. (2010). The Empirical Status of the "New Wave" of Cognitive Behavioral Therapy.

Psychiatric   Clinics,   33(3),   701-710.
doi:10.1016/j.psc2010.04.006

Hopkins, M. (2008 last updated 2014-05-20). A Vision For the
Future: Collective Effort for Systemic Change. *Phi Delta
kappan*, 737.

Huffman, J., Stern, T., & Harley, R. (2005). The use of DBT skills in
the treatment of difficult patients in the general hospital. *The
Journal of Lifelong Learning in Psychiatry, 3*(2), 115-138.

Jonsson, J., & Malm, E. (2010). *Komet-nagot som bara finns i
rymden? En studie om utbildnigsproammet Komet.*

Kain, E. (2011, Mar 8). High Teacher Turnover Rates are a Big
Problem for America’s Public Schools. *Forbes*.

Klassen, R. M. (2010). Teacher Stress: The Mediating Role of
Collective Efficacy Beliefs. *The Journal of Educational
Research, 103*(5), 342-350. Retrieved May 30, 2015, from
http://www.jstor.org/stable/41478831

Koch, S. (2010). Preventing Student Meltdowns. *Intervention in
School and clinic, 46*(2), 111-117.

Konrath, S., Chopik, W., Hsing, K., & O'Brien, E. (2014, Apr 12).
Changes in Adult Attachment Styles in American College
Students Over Time: A Meta-Analysis. *Personality and Social
Psychology Review*, 1-23. doi:10.1177/1088868314530516

Layton, L. (2014, June 7). *Politics*. Retrieved from Washington Post :
http://www.washingtonpost.com/politics/how-bill-gates-
pulled-off-the-swift-common-core-revolution/2014/06/07

Lenz, S., Taylor, R., Fleming, M., & Serman, N. (2014).
Effectiveness of Dialectical Behavior Therapy for Treating
Eating Disorders. *Journal of Counseling & Development,
92*(1), 26-35. doi:10.1002/j.1556-6676.2014.00127.x

Linehan, M. (1993). *Cognitive behavioral treatment of bordeline
personality disorder.* New York: Guilford Press.

Lubienski, C. (2013). Privatising form or function? Equity, outcomes
and influence in American charter schools. *Oxford Review of
Education, 39*(4), p498-513. Retrieved May 28, 2015, from
http%3A%2F%2Fwww.tandf.co.uk%2Fjournals%2Ftitles%2F
03054985.asp||type~~','");

Martin, M. E. (2014, 2011, 2007). *Introduction To Human Services:
Through the Eyes of Practice Settings.* Upper Saddle River,
NJ: Pearson.

Mayer, M., & Furlong, M. (2010). How Safe Are Our Schools?
Educational   Researcher,   39(1),   16-26.
doi:10.3102/0013189X09357617

Mazefsky, C., & White, S. (2014). Emotion regulation: concepts &
practice in autism spectrum disorder. *Child and Adolescent
Psychiatric Clinics*, 15-24. doi:10.1016/j.chc.2013.07.002

McCullough, L., Kuhn, N., Andrews, S., Kaplan, A., Wold, J., &
Lanza-Hurley, C. (2003). *TREATING AFFECT PHOBIA:A*

Manual for Short-Term Dynaic Psychotherapy. New York : Guliford Press.

McLeod, S. (2007 updated 2014). *Lev Vygotsky.* Retrieved from Simply Psychology: http://www.simplypsychology.org/vygotsky.html

Merton, R. K. (1938). *1957 Social Theory and Social Structure.* Glencoe:Free Press.

Mohandas, V. R. (2007, Apr-Jun). The Limbic System. *Indian Journal of Psychiatry*, pp. 132-9.

Nelson-Gray, R., Keane, S., Hurst, R., Mitchell, J., Warburton, J., & Cobb, A. (2006, Dec). A modified DBT skills training program for oppositional defiant adolescents: promising preliminary findings. *Behaviro Research and Therapy, 44*(12), 1811-20.

Novotney, A. (2014, April). *American Psychological Associaton.* Retrieved June 2015, from Home//Monitor on Psychology//april 2014Monitor on Psychology//Is it really ADHD.

OECD. (2012). *OECD.org.* Retrieved from Programme for International Student Assessment (PISA): OECD.org/pisa

Psych Central Staff. (2013). *An Overview of Dialectical Behavior Therapy.* Retrieved June 6, 2015, from Psych Central: http://psychcentral.com/lib/an-overview-of-dialectical-behavior-therapy/

Quattrin, R., Ciano, R., Saveri, E., Balestrieri, M., Biasin, E., Calligaris, L., & Brusaferro, S. (2009). Burnout in teachers: an Italian survey. Annali di igiene: medicina preventiva e di comunita, 22(4), 311-318.

Raby, K., Steele, R., Carlson, E., & Sroufe, A. (2015). Continuities and changes in infant attachment patterns across two generations. *Attachment & Human Development, 17*(4), 414-428. doi:10.1080/14616734.2015.1067824

Rogers, C. R. (1991, November-December). Barriers and Gateways to Communication. *Harvard Business Review*, pp. 14-17.

BIBLIOGRAPHY Schunk, D., & Zimmerman, B. (2007). Influencing children's self-efficacy and self-regulation of reading and writing through modeling. *Reading & Writing Quarterly, 23*(1), 7-25.

Shapiro, E. (2014). *Behavioral assessment in school psychology.* New York: Psychology Press.

Skinner, B. (2011). *About behaviorism.* NY: Vintage Books Edition, Random House.

Skolverket:http://www.skolverket.se/om-skolverket/press/pressmeddelanden/2015/fler-elever-obehoriga-till-gymnasieskolan-1.240369

Socialstyrelsen (2014) Vägledning för elevhälsan. (Elektronisk) Socialstyrelsen.

Stotts, A., & Northrup, T. F. (2015). The promise of third-wave behavioral therapies in the treatment of substance use disorders. (K. E. Vowles, Ed.) *Current Opinion In Psychology*, 75-81. doi: DOI: 10.1016/j.copsyc.2014.12.028

Tiernan, K., Foster, S. L., Cunningham, P. B., Brennan, P., & Whitmore, E. (2015). Predicting early positive change in multisystemic therapy with youth exhibiting antisocial behaviors. Psychotherapy, 52(1), 93.

Thorell, L. B. (2009). The Community Parent Education Program (COPE): Treatment Effects in a Clinical and a Community-based Sample. *clinical Child Psychogy and Psychiatry, 14*(3), 373-387. doi:10.1177/1359104509104047

Visser, S. S. (2013). State-based and Demographic Variation in Parent-reported ADHD Medication Rates, 2007-2008. *Preventing Chronic Disease.*

Waters, E., Merrick, S., Treboux, D., Crowell, J., & Albersheim, L. (2000, June). Attachment Security in Infancy and Early Adulthood: A Twenty-Year Longitudinal Study. *Child Development, 71*(3), 684-689. doi:10.1111/1467-8624.00176

Welner, K. (2014). the lost opportunity of the Common core State Standards. *Phi Delta Kappan*, 39-40.

www.ingramcontent.com/pod-product-compliance
Lightning Source LLC
Chambersburg PA
CBHW022001170526
45157CB00003B/1095